Optimierungsverfahren und PASCAL-Programme

von Claus Richter
unter Mitarbeit von Bernd Renner

Mit 8 Abbildungen und 10 Programmen

Akademie-Verlag Berlin

Autor: Prof. Dr. Claus Richter
Ingenieurhochschule Köthen
Sektion Mathematik/Naturwissenschaften/Informatik

Der Titel wurde vom Originalmanuskript des Autors reproduziert.

ISBN 3-05-500817-0
ISSN 0863-4319

Erschienen im Akademie-Verlag Berlin, Leipziger Straße 3—4, Berlin, O-1086

Printed in Germany
Gesamtherstellung: Druckhaus „Thomas Müntzer" GmbH, Bad Langensalza, O-5820
LSV 1084
Bestellnummer: 764 123 5 (9299)

VORWORT

Bücher zur linearen und nichtlinearen Optimierung, insbesondere zur Implementierung numerischer Verfahren auf diesem Gebiet, sind gefragt. Nachdem 1988 "Optimierungsverfahren und BASIC-Programme" erschienen ist, liegt nun "Optimierungsverfahren und PASCAL-Programme" vor.

Die Behandlung mathematisch - naturwissenschaftlicher, technischer und ökonomischer Fragestellungen erfordert in wachsendem Umfang die Lösung linearer oder nichtlinearer Optimierungsaufgaben. Mit der Bereitstellung leistungsfähiger Personalcomputer und Multiusersysteme sind die technischen Voraussetzungen dafür geschaffen. Seit den Arbeiten von KANTOROWITSCH und DANTZIG in den 30er und 40er Jahren hat auch die Entwicklung effektiver numerischer Verfahren der Optimierung eine stürmische Entwicklung genommen. Ihre theoretische Begründung und sachgerechte Implementierung stellt inzwischen einen eigenständigen Problemkreis dar, welcher als Numerik der Optimierung (in englischer Sprache als "Computational Mathematical Programming") bezeichnet wird.

Die Aneignung der auf diesem Gebiet vorhandensein Erkenntnisse, noch mehr aber das Erleben des Zusammenhangs von beschriebenem Algorithmus, umgesetztem Programm und bereitgestellter Nutzeroberfläche werden zum Bedürfnis des an der Optimierung interessierten Praktikers.

Gegenstand des Buches sind deshalb in erster Linie nicht theoretische Grundlagen, sondern Fragen der praktischen Realisierung der Verfahren mit modernen rechentechnischen Mitteln, insbesondere mit Mikrorechnern (programmierbare Taschenrechner, Heimcomputer, tragbare Computer, Personalcomputer, Arbeitsplatzcomputer, Bürocomputer usw.).

Die Anwendung der Optimierung führt zu unmittelbar spürbaren volkswirtschaftlichen Effekten. Das begann mit der Entwicklung von zentraler Großrechentechnik und hat durch die Nutzung von Mikrorechnersystemen einen starken Schub erfahren. Software, insbesondere für die lineare Optimierung, wurde aus solchen

Gründen in der letzten Zeit zu einem begehrten Handelsobjekt.

In den Rechenzentren sind in der Regel kommerziell erwerbbare Programmpakete vorhanden, die der Anwender nutzen kann, um seine Probleme zu lösen. Aber inzwischen stehen immer mehr Mikrorechnersysteme zur Verfügung, die der einzelne für die Lösung seiner Probleme direkt oder im Dialog mit zentralisierter Rechentechnik nutzen kann. Darum werden in diesem Buch Fragen der numerischen Umsetzung, der Implementierung auf Mikrorechnern sowie der Einbindung in Softwaresysteme zur Modellierung von Optimierungsaufgaben und deren Lösung behandelt. Wer einige Verfahren auf seinem (Personal-) Computer realisiert und die beigefügte Nutzeroberfläche erprobt, lernt gleichzeitig besser mit kommerzieller Software umzugehen, deren Innenleben er in der Regel nicht kennt (Urheberrechte) und nicht kennen muß. In diesem Sinne ist dieses Buch nicht nur ein Lehrbuch für die Umsetzung von Optimierungsverfahren auf Mikrorechnern, sondern führt auch an die Benutzung kommerzieller Programmpakete, insbesondere der linearen Optimierung, heran. Neben dem Instrumentarium zur Generierung von abarbeitungsfähigen PASCAL-Hauptprogrammen zur Nutzung der einzelnen Optimierungsverfahren fand in dem Buch das leistungsfähige Verfahren von GOLDFARB und IDNANI zur quadratischen Optimierung seinen Platz. Auf Vorschriften zur eindimensionalen Minimierung sowie Algorithmen zur Lösung linearer Gleichungssysteme wurde verzichtet. Beides findet sich in den Kapiteln zur beschränkten bzw. unbeschränkten Minimierung als Unterprogramm. Das Buch richtet sich vorrangig an Ingenieure, Mathematiker, Naturwissenschaftler und Ökonomen, die es während der Ausbildung, zur Weiterbildung und zur effektiveren Arbeit mit informationsverarbeitenden Mitteln der vierten Rechnergeneration benutzen können.

Es soll einen Einstieg in die Behandlung von Optimierungsaufgaben auf Kleinrechnern ermöglichen.

Für ermutigende Worte und Ratschläge, die für das Zustandekommen des Buches wesentlich waren, bin ich zahlreichen Kollegen zu Dank verpflichtet, insbesondere Herrn Prof. SCHITTKOWSKI. Bei der Implementierung und dem Testen der Programme waren vor allem Herr W. BEICHE und Herr G. JAKUBEK behilflich. Ihnen sei ebenso des Manuskripts.

Dem Akademie-Verlag und besonders Herrn Dr. HÖPPNER und Frau

Dipl.-Math. G. Reiher danke ich sehr für die kameradschaftliche und sachkundige Zusammenarbeit.

Schließlich möchte ich meiner Frau Hannelore sowie meinen Kindern Anja und Stefan für das Verständnis danken, mit dem sie die Belastung mitgetragen haben, welche dem Autor nun einmal aus dem Schreiben eines Buches erwächst.

Die Publikation von Algorithmen und Programmen schließt zu erwartende Kritiken und Hinweise von vornherein ein. Sie werden mir Anregung sein, an der Aufbereitung von Optimierungsverfahren für Mikrocomputer weiterzuarbeiten.

Claus Richter

Inhaltsverzeichnis

Übersicht der PASCAL-Programme

Symbolverzeichnis

$\mathbb{R}$	Menge der reellen Zahlen
$\mathbb{R}^n$	n-dimensionaler Euklidischer Raum
$\mathbb{R}^n_+$	nichtnegativer Orthand des n-dimensionalen Euklidischen Raumes
$\lVert x \rVert$	Euklidische Norm : $\lVert x \rVert = (x^T x)^{1/2}$
$x^T = (x_1, \quad , x_n$	transponierter Vektor
0	Nullvektor
$e=(1,...,1)^T$	Vektor, dessen Komponenten alle gleich Eins sind
e_i	i-ter Einheitsvektor: $e = (0,...,0,1,...,0)^T$
$\nabla f(x)$	Gradient der Funktion $f(x)$: $\nabla f(x) = (\partial f/\partial x_1, ..., \partial f/\partial x_n)^T$
$\nabla^2 f(x)$	Hesse-Matrix der zweiten Ableitungen der Funktion $f(x)$: $\left[\nabla^2 f(x)\right]_{i,j} = \dfrac{\partial^2 f}{\partial x_i \quad \partial x_j}$
$L_{xx}(x,u)$	Hesse-Matrix der zweiten Ableitungen der Lagrange-Funktion $L(\quad , \quad)$: $\left[L_{xx}(x,u)\right] = \dfrac{\partial^2 L}{\partial x_i \ \partial x_j}$
diag (d)	Diagonalmatrix, deren i-tes Diagonalelement gleich der i-ten Komponente des Vektors ist
$\forall x$:	Für alle Elemente x gilt:
$\exists x$:	Es existiert ein Element x, für das gilt:
a_j	Vektor, der aus der j-ten Spalte der Matrix besteht
$(h)_j$	j-te Komponente des Vektors
$(A)_{i,j}$	(i,j)-tes Element der Matrix

1. Optimierung und rechentechnische Realisierung (Implementierung)

Die Optimierung - besonders die lineare Optimierung - hat durch die Möglichkeiten der Rechentechnik seit den 50er Jahren viele Anwendungen und Weiterentwicklungen erfahren. Einen qualitativ neuen Schritt können wir jetzt beobachten, da neben zentral und dezentral verfügbarer Rechentechnik leistungsfähige Informatik-Tools treten, die mit Expertensystemen und Supporting Systems die Nutzerfreundlichkeit von implementierten Verfahrenerhöhen. Das hat natürlich Rückwirkungen auf die Optimierung selbst, besonders auf Verfahren für nichtlineare Probleme. Im ersten Abschnitt dieses Kapitels werden die Problemstellungen formuliert, für die dann in den Kapiteln 2 bis 5 Lösungsverfahren vorgestellt werden. Weiterhin werden einleitende Bemerkungen zu den PASCAL-Implementierungen gemacht.

Im zweiten Abschnitt sollen einige Tendenzen der Anwendung von Verfahren der Optimierung im Überblick dargestellt werden, um dann im dritten Abschnitt die sich daraus ergebenden Möglichkeiten der Umsetzung von Optimierungsverfahren auf Rechnern mit Hilfe von Programmiersprachen und die sich ergebenden numerischen Fragen behandeln zu können.

1.1. Formulierung der Aufgabenstellung

Mit der vorliegenden Beschreibung von Verfahren der Optimierung und ihrer Implementierung auf einem Mikrorechner soll dem Leser ein Hilfsmittel in die Hand gegeben werden, effektive numerische Methoden mit geringem Aufwand in die Bibliothek der von ihm verwendeten Software aufzunehmen. Damit ergibt sich, insbesondere für den mit der CAE-Problematik beschäftigten Ingenieur, die Möglichkeit, leistungsfähige Verfahren zur Lösung der in seinem Arbeitsbereich auftretenden Optimierungsprobleme einzusetzen.

Der Sammlung liegen Verfahren zugrunde, denen in den vergangenen Jahren in der Literatur große Aufmerksamkeit geschenkt wurde und die sich auch nach den Erfahrungen der Autoren bei der Lösung von technischen und technologischen Problemen besonders bewährt haben.

Im einzelnen werden folge Problemklassen behandelt.

Lineare Optimierung: Gegeben ist die Aufgabe

$$z = c^T x = \min!$$

bei

$$Ax - b \leq 0, \quad x \geq 0.$$

Als Lösungsverfahren werden bereitgestellt

- das Simplexverfahren,
- das revidierte Simplexverfahren,
- aus der Klasse der Iterationsverfahren: das Ellipsoidverfahren und das Projektionsverfahren.

Unbeschränkte nichtlineare Optimierung: Gegeben ist die Funktion $f(x)$ von n Veränderlichen. Gesucht ist das Minimum der Funktion $f(x)$ im $\mathbb{R}^n$:

$$f(x) = \min! \qquad \text{bei } x \in \mathbb{R}^n.$$

Für die Lösung werden Verfahren der direkten Suche und ableitungsbehaftete Verfahren bereitgestellt:

- die stochastische Suche,
- das Verfahren der koordinatenweisen Suche,
- das Polytopverfahren,
- das Verfahren des steilsten Abstiegs,
- das Verfahren der konjugierten Gradienten,
- das Newton-Verfahren,
- das Newton-Verfahren mit konsistenter Approximation der Hesse-Matrix,
- das Verfahren der variablen Metrik.

Quadratische Optimierung : Für dieses spezifische Problem mit nichtlinearer (quadratischer) Zielfunktion und linearen Nebenbedingungen

$$z = x^T Cx + p^T x = \min! \quad \text{bei} \quad Ax - b \leq 0$$

(C – positiv definite Matrix) werden als Lösungsverfahren bereitgestellt:

- die Aktive-Restriktionen-Strategie von GOLDFARB/INDIANI,
- das Relaxationsverfahren

Beschränkte nichtlineare Optimierung : Es wird von der Aufgabe

$$f(x) = \min!, \quad x \in \mathbb{R}^n,$$

bei

$$g_i(x) \le 0, \quad i = 1,\ldots,m,$$

ausgegangen.

Als Lösungsverfahren werden bereitgestellt:
- das Verfahren der adaptiven Zufallssuche,
- das erweiterte Polytopverfahren,
- das Schnittebenenverfahren,
- das Verfahren der sequentiellen quadratischen Approximation,
- ein erweitertes Newton-Verfahren,
- das Verfahren der verallgemeinerten reduzierten Gradienten,
- ein Verfahren mit Straffunktion.

Die Vorstellung der einzelnen Lösungsverfahren erfolgt entsprechend der Gliederung:
- Grundlagen des Verfahrens,
- Aufbau des Algorithmus,
- Programm und Testbeispiel,
- weiterführende Bemerkungen.

Damit werden die Idee des jeweiligen Verfahrens, theoretische Grundlagen und die prinzipiellen Schritte des Algorithmus angegeben. Das PASCAL-Programm ist entsprechend den angegebenen Schritten strukturiert und seine Benutzung wird an einem Testbeispiel aufgezeigt. Die weiterführenden Bemerkungen dienen der Charakterisierung wissenschaftlicher Arbeiten, die für das jeweilige Verfahren von Interesse sind, und der Heranführung an die Nutzung kommerziell verfügbarer Software.

Bei den zu lösenden Aufgaben treten neben Datenmengen auch Funktionen auf, die z.B. nichtlineare Gleichungen beschreiben oder Nebenbedingungen ohne Optimierungsaufgaben charakterisieren. Diese Funktionen wurden in Unterprogrammen zusammengefaßt.

Durch Kommentare in den einzelnen PASCAL-Programmen sind diese Stellen besonders hervorgehoben, wobei als Beispiele für implementierte Anweisungen die Funktionen verwendet wurden, welche in den Testbeispielen auftreten.

Die im Aufbau der Algorithmen besonders ausgewiesenen Schritte wurden in den Programmen weitgehend durch Kommentare charakterisiert.
In der Literatur findet sich insbesondere bei Iterationsverfahren eine ganze Sammlung von möglichen Kriterien für den Abbruch der Rechnung.

Mögliche Abbruchursachen können sein:

- Der Abstand zweier aufeinanderfolgender Iterierter ist kleiner als eine vorgegebene Schranke:

$$\|x^k - x^{k-1}\| \leq e\ (1 + \|x^k\|).$$

- Die Differenz der Funktionswerte zweier aufeinanderfolgender Iterierter ist kleiner als eine vorgegebene Schranke:

$$|f(x^k) - f(x^{k-1})| \leq e\ (1 + \|x^k\|).$$

- Die maximale Anzahl von Iterationsschritten ist erreicht:

IT = ITMAX.

Der Leser wird feststellen, daß von verschiedenen dieser Kriterien in den Programmen Gebrauch gemacht worden ist. Dabei dürfte es nicht schwerfallen, durch geringfügige Abänderung der einzelnen Routinen eine Abbruchursache durch eine andere zu ersetzen. Die Ausgabe der Zwischenergebnisse der Rechnung und der Abschlußergebnisse geschieht weitgehend einheitlich.

Neben der Anzahl der durchgeführten Iterationsschritte und dem Wert der einzelnen Iterierten wird bei Minimierungsaufgaben der Wert der zu minimierenden Funktion im letzten Iterationspunkt sowie die Abbruchursache ausgegeben.

In den Abschlußinformationen für die Lösung eines nichtlinearen Gleichungssystems treten neben dem Wert der letzten Iterierten die Werte für die das Gleichungssystem beschreibenden Funktionen auf. Bei nichtlinearen Optimierungsaufgaben erhält man zum Abschluß der Rechnung neben letzter Iterierter und Zielfunktionswert auch eine Information über den Wert der Nebenbedingungen.

In einer Reihe von Programmen zur Lösung nichtlinearer Gleichungssysteme und nichtlinearer Optimierungsaufgaben werden Unterprogramme zur Lösung linearer Gleichungssysteme verwendet. Hierzu wird ein QR-Modul genutzt der unnötiges Aufblähen der entsprechenden PASCAL-Programme verhindern half.

Die in den Beispielen angegebenen Resultate haben weitgehend die Aufgabe, das sachgemäße Funktionieren der einzelnen Routinen zu demonstrieren. Die Aufnahme aller beim Austesten der Verfahren erzielten numerischen Ergebnisse oder gar ein wertender Vergleich hätten den Umfang des Buches weit gesprengt.

Die angegebenen numerischen Ergebnisse hängen natürlich auch von der Zahl der im jeweiligen Rechner verwendeten signifikanten Ziffern ab. Deshalb sind die hier im Buch angegebenen numerischen Lösungen und die eigenen Ergebnisse in diesem Licht zu werten.

Die Sammlung von Programmen wird durch Betrachtungen über effektive numerische Methoden ergänzt.

Die vorgestellte Programmsammlung geht von standardisierten Aufgabenstellungen aus. Sie bietet die Möglichkeit, die unter Verwendung der beigefügten Nutzeroberfläche im Dialog formulierten als PASCAL-Programme generierten Aufgaben effektiv zu lösen. Sie verwendet für gleichartige Teilprobleme gleiche Lösungsvorschriften. Damit werden unter der Nebenbedingung begrenzter Speicherkapazität die Anforderungen an eine Sammlung aufeinander abgestimmter Einzelprogramme für einen rechnergestützten Arbeitsplatz erfüllt.

1.2. Optimierungsaufgaben in technischen und technologischen Fragestellungen

Anhand von Beispielen aus verschiedenen praktischen Bereichen soll verdeutlicht werden, wie die Formulierung von Optimierungsaufgaben aus zugrunde liegenden technischen und technologischen Fragestellungen abgeleitet werden kann.

Von einem sachkundigen Vorgehen in dieser Phase der Problembearbeitung - der Modellierung - hängt es oft in entscheidendem Maße ab, ob die darauffolgende Anwendung eines Optimierungsverfahrens befriedigende Ergebnisse liefert. Den in diesem Zusammenhang auftretenden Fragen sollte deshalb, u.U. durch die Zusammenarbeit von Ingenieuren und Mathematikern, besondere Aufmerksamkeit gewidmet werden.

1.2.1. Optimierung der Abmessungen eines Stahlträgers

Eine große Rolle in der Technik spielt die Ermittlung minimaler Abmessungen von Konstruktionen bei Einhaltung vorgegebener technischer Parameter. Als Beispiel wird der Querschnitt eines Stahlträgers betrachtet (Abb. 1).

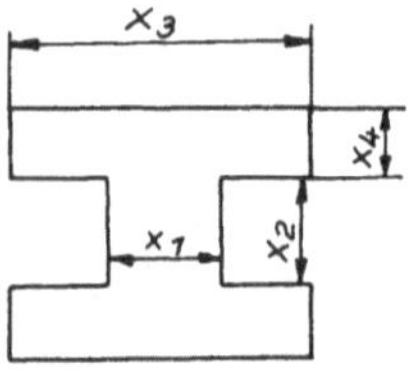

$$A = x_1 x_2 + 2x_3 x_4$$

Abb. 1. Querschnitt eines Stahlträgers

Gegeben sind das maximale Biegemonent p_1 und die maximale Querkraft p_2, welche eine konkrete Belastungssituation charakterisieren. Für eine bestimmte Stahlsorte ist die zulässige Biegespannung p_3 bekannt. Diese hängt mit der Schubspannung über die Beziehung

$$\tau_{zul} \leq 0.6p_3$$

zusammen. Folgende Forderungen werden außerdem noch gestellt:

1. Die Stegdicke x_1 soll nicht kleiner als 8 mm sein.
2. Die Steghöhe x_2 darf 850 mm nicht überschreiten.
3. Das Verhältnis Gurtbreite x_3 zu Gurtdicke x_4 soll den Wert 20 nicht überschreiten.

Hieraus ergibt sich durch folgende Überlegungen eine nichtlineare Optimierungsaufgabe:

Die Biegespannung δ_b im Trägerquerschnitt berechnet sich zu

$$\delta_b = \frac{p_1}{w} \leq p_3,$$

was bedeutet

$$-p_3 w + p_1 \leq 0. \qquad (1)$$

Das Widerstandsmoment w ist dabei mit Hilfe des Trägheitsmoments J,

$$J = \frac{x_1 x_2^3}{12} + 2\left[\frac{x_3 x_4^3}{12} + x_3 x_4 \left(\frac{x_2 + x_4}{2}\right)^2\right], \tag{2}$$

durch

$$w = \frac{J}{x_2/2 + x_4} \tag{3}$$

erklärt. Die Beziehungen (2) und (3) werden in (1) eingesetzt und führen auf die Nebenbedingung

$$f_1(x,p) = -p_3\left[\frac{x_1 x_2^3}{6} + \frac{x_3 x_4^3}{3} + x_3 x_4 \frac{(x_2 + x_4)^2}{2}\right] + p_1 \leq 0.$$

Die Querkraft p_2 verursacht im Querschnitt die Schubspannung

$$T = \frac{p_2 \quad S}{J \cdot x_1} \leq 0.6p_3$$

was bedeutet

$$-0.6p_3 J x_1 + p_2 S \leq 0.$$

Das statische Moment S beträgt

$$S = x_3 x_4 \frac{x_2 + x_4}{2} + \frac{x_2^2 x_1}{8},$$

woraus sich

$$f_2(x,p) = -0.6p_3 x_1 \left(\frac{x_3 x_4}{2}(x_2 + x_4)^2 + \frac{x_3 x_4^3}{6} + \frac{x_1 x_2^3}{12}\right)$$

$$+ p_2\left(\frac{x_3 x_4}{2}(x_2 + x_4) + \frac{x_1 x_2^2}{8}\right) \leq 0$$

ergibt.

Aus weiteren in der Problemstellung auftretenden Bedingungen können folgende Restriktionen formuliert werden:

$$\left.\begin{aligned} f_3(x) &= -x_1 + 0.8 \leq 0,\\ f_4(x) &= \ x_2 - 85.0 \leq 0,\\ f_5(x) &= 6x_4 - x_3 \leq 0,\\ f_6(x) &= \ x_3 - 20x_4 \leq 0. \end{aligned}\right\} \tag{4}$$

Die zu minimierende Zielfunktion ist gegeben durch

$$z(x) = A = x_1 \cdot x_2 + 2x_3 \cdot x_4 .$$

Zur Stahlsorte St37 gehören die Parameter

$$p_1 = 560 \text{ kNcm}, \quad p_2 = 4.8 \text{ kN}, \quad p_3 = 0.15 \text{ kN/cm}^2 ,$$

mit welchen die Aufgabe (4) die Lösung

$$x_1^* = 0.80377,$$
$$x_2^* = 74.99245,$$
$$x_3^* = 29.95175,$$
$$x_4^* = 1.49761$$

mit dem Zielfunktionswert $z(x) = 149.98876$ besitzt. Erwähnt sei, daß eine ganze Schar zu unterschiedlichen Belastungssituationen und Stahlsorten gehörender Optimierungsprobleme mit einer sogenannten *diskreten Einbettungstechnik* effektiv behandelt werden konnte. Der Lösungspunkt einer Aufgabe wurde als Startpunkt für die Behandlung eines zu benachbarten Parameter gehörenden Problems gewählt.

1.2.2. Der Williams-Otto-Prozeß

Eine typische Aufgabe der nichtlinearen Optimierung in der Verfahrenstechnik ergibt sich aus der Forderung nach rascher Amortisation installierter Anlagen durch eine geeignete Produktionssteuerung. Dieses Problem wurde am Beispiel des Williams-Otto-Prozesses betrachtet, welcher viele für chemische Technologien charakteristische Merkmale aufweist. Ausgehend von bestimmten Rohstoffen A und B wird über einen Reaktor, eine Destillationskolonne, einen Abscheider und eine Spaltanlage ein Produkt P hergestellt. Neben nutzbarem Dampf D ergeben sich Zwischenprodukte C und E sowie ein Schweröl G, welches abgesondert wird. Die chemischen Reaktionen zur Herstellung von P sind irreversible Reaktionen 2. Ordnung, deren Mechanismus bekannt ist und deren Kinetik durch die Gleichungen

$A + B \longrightarrow C$ Reaktorkoeffizient k_1,

$C + B \longrightarrow P + E$ " k_2,

$P + C \longrightarrow C$ " k_3,

beschrieben ist. Die Koeffizienten k_i sind temperaturabhängig und ergeben sich aus der Arrhenius-Gleichung

$$k_i = b_i = b_i e^{(-a_1/T)} \quad (i = 1,2,3).$$

Sie haben für das betrachtete Beispiel die folgende Gestalt:

$$k_1 = 5.9755 \cdot 10^{9} \cdot e^{(-12000/T)},$$

$$k_2 = 2.5962 \cdot 10^{12} \cdot e^{(-15000/T)},$$

$$k_3 = 9.6283 \cdot 10^{15} \cdot e^{(-20000/T)}.$$

Zwischen den an der Reaktion beteiligten Komponenten bestehen nun gewisse Gleichgewichtsbedingungen, in welchen auch deren Anteil im Rückstrom (im folgenden mit dem Index R gekennzeichnet) eine Rolle spielen. Sie haben die Gestalt

$$F_{RE} = 10(F_{RP} - F_P),$$

$$F_{RA} = F_{RC}/(10k_1 F_{RB})\,(10k_2 F_{RB} + 5k_3 F_{RB} + k_2 F_{RB} F_{RC}/\alpha),$$

$$F_G = 1.5k_3 F_{RC} F_{RP} \beta,$$

$$F_D = 0.2\alpha\beta k_2 F_{RB} F_{RC}/\gamma,$$

$$F_A = k_1 R_{RA} R_{RB} \beta + F_D F_{RA}/\alpha,$$

wobei α, β und γ durch

$$\gamma = F_{RP} - F_P,$$

$$\alpha = F_{RA} + F_{RB} + F_{RC} + 11,$$

$$\beta = \frac{F_P}{0.8k_2 F_{RB} F_{RC} - 0.5k_3 F_{RC} F_{RP}}$$

erklärt sind. Außerdem kommt noch folgende Bedingung aus der Gesamtbilanz des Williams-Otto-Prozesses hinzu:

$$F_P + F_G + F_D = F_A + F_B.$$

Die Zielfunktion wird nun unter Verwendung der Größen

$$F_R = \alpha + F_G + F_B.$$

und

$$V = \beta F_R{}^2/50$$

erklärt und stellt die Amortisationsrate der chemischen Anlage dar:

$$F_{GS} = (84F_A - 201.96F_D - 336F_G + 19.52F_P - 2.22F_R - 3000V)/(300V).$$

In der hier behandelten Aufgabe wird davon ausgegangen, daß die rückfließenden Mengen der Produkte P, C, B sowie die Menge des Produktes B und die Temperatur T als Variable angesehen werden, deren Werte innerhalb der Schranken

$$7500 \le F_{RP} \le 20500,$$
$$5000 \le F_{RC} \le 9000,$$
$$50000 \le F_{RB} \le 150000,$$
$$25000 \le F_{B} \le 35000,$$
$$580 \le T \le 680$$

liegen können. Mit vorgegebenen Werten für diese Variable F_P werden die Größen F_{RA}, F_{RC}, F_G, F_D, F_A, α, β und γ berechnet. Anschließend überprüft man, ob der sich aus der Gesamtbilanz ergebende Wert von F_P mit seinem Eingangswert übereinstimmt. Ist dies nicht der Fall, werden F_P und die davon abhängigen Größen schrittweise an die Gleichgewichtssituation herangeführt. Anschließend erfolgt die Berechnung des Zielfunktionswertes. Die geschilderte Vorgehensweise erfordert für die Bereitstellung eines Zielfunktionswertes die Durchführung eines Iterationsprozesses. Ableitungen für die Zielfunktion stehen nicht zur Verfügung. Dafür sind die zu berücksichtigenden Restriktionen sehr einfach: obere und untere Schranke für die Variablen $x_1 = F_{RP}$, $x_2 = F_{RC}$, $x_3 = F_{RB}$, $x_4 = F_B$ und $x_5 = T$. Eine andere Interpretation der Aufgabe macht die iterative Bestimmung von F_P in jedem Schritt überflüssig. Man faßt die definierenden Gleichungen als Gleichheitsrestriktion auf und hat damit eine Aufgabe mit 22 Variablen, 17 nichtlinearen Gleichheitsnebenbedingungen und 5 unteren und oberen Schranken.

1.2.3. Ermittlung der optimalen täglichen Betriebsweise einer Wasserpumpe in einem Verbrauchernetz mit Hochbehälter

Gegeben ist ein Wasserversorgungssystem, in welchem ein Verbraucher durch eine Quelle vermittels einer Pumpe versorgt werden soll. Als Reservoir steht ein Hochbehälter zur Verfügung. Der Betrieb der Pumpe soll nun so erfolgen, daß zum einen über den Weg Quelle-Verbraucher bzw. Quelle-Hochbehälter-Verbraucher der aktuelle Bedarf gedeckt wird und zum anderen der Betrieb der Pumpe möglichst kostenminimal ist.

Bei der Formulierung der Optimierungsaufgabe wird von folgenden Voraussetzungen ausgegangen (vgl. Abb. 2):

a) Der Tag wird in eine Anzahl p von Zeitintervallen eingeteilt. Kontinuierliche zeitabhängige Vorgänge $w(t)$ werden durch eine Treppenfunktion $W(t)$ angenähert mit $W(t_1) = W(t_2)$ für t_1, t_2 aus demselben Zeitintervall. Dies gilt insbesondere für den Wasserverbrauch $v(t)$, dargestellt durch die Konstanten v_i $(i = 1, \ldots, p)$.
b) In verschiedenen Zeitintervallen können verschiedene Energietarife e_i auftreten.
c) Die Rohrnetzdaten (wie Länge, Durchmesser, Wirkungsgrad, geodätische Höhe, Reibungszeitwert) sind konstant vorgegeben.
d) In den Behälter wird ständig eine konstante Wassermenge eingespeist (siehe unten).
e) Den Füllungszustand (Wasserinhalt) der Behälter A und B zu einem festen Zeitpunkt des Tages (= Beginn eines Zeitintervalls) führt man als zusätzliche Veränderliche ein, die jedoch in den Nebenbedingungen auftreten.

Für die weiteren Betrachtungen vereinbaren wir folgende Bezeichnungen:

V = Gesamtwasserverbrauch eines Tages,
p = Anzahl der Zeitintervalle, in die ein Tag geteilt wird
v_i = Wasserverbrauch pro Stunde im i-ten Zeitintervall,
x_i = Wasserförderung pro Stunde im i-ten Zeitintervall,
t_i = Anzahl der Stunden des i-ten Zeitintervalls,
e_i = Energietarif im i-ten Zeitintervall,
s_i = Einspeisemenge pro Stunde in den Behälter A im i-ten Zeitintervall, $s_i = s_i = V/24 = \text{const}$,
A_0, B_0 = Wasserinhalt der Behälter A und B zu Beginn des ersten Zeitintervalls (eines ausgezeichneten Intervalls),
x = Vektor mit den $x_1, \ldots, x_p$,

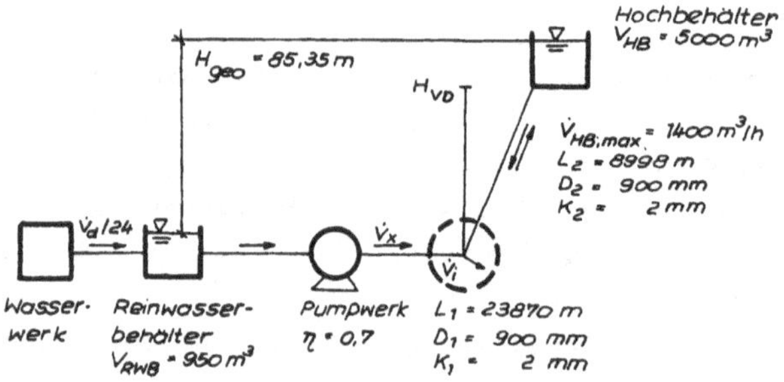

Abb. 2: SCHEMA EINES WASSERVERSORGUNGSSYSTEMS

$K_E(x)$ = Energiekosten pro Tag,

H_{geo} = geodätische Höhe,

D_1, D_2; e_1; e_2; K_{M1}, K_{M2}: Nennweiten, Längen, Reibungsbeiwerte der Rohre 1 und 2,

A_{max} B_{max} = Fassungsvermögen der Behälter A und B,

η = Wirkungsgrad.

Die Zielfunktion hat mit diesen Bezeichnungen nun folgendes Aussehen:

$$K_E(x) = \frac{1}{367.2\eta}\left[\sum_{i=1}^{p} e_i\, t_i\, x_i\, H(x_i)\right],$$

wobei

$$H(x_i) = H_{geo} + (10.29 \cdot 10^{10}/3.6^2)\left[\frac{e_1 x_i^2}{K_{M_1}^2 D_1^m} - \frac{(\nu_i - x_i)(\nu_i - x_i)/e_2}{K_{M_2}^2 D_2^m}\right]$$

mit m = 5.333333, $i = 1, \ldots, p$. In der Funktion $H(x_i)$ wirken sich, sichtbar durch das Vorzeichen von $(\nu_i - x_i)$, die Fälle $\nu_i > x_i$ und $\nu_i < x_i$ aus. Der Fall $\nu_i > x_i$ bedeutet, daß im i-ten Zeitintervall der Verbrauch größer als die Förderung ist, d.h., zur Abdeckung des Verbrauchs wird Wasser aus dem Hochbehälter B in das Netz eingespeist. Liegt dagegen der Fall $\nu_i < x_i$ vor, erfolgt eine Füllung des Hochbehälters B mit dem überschüssigen Wasser. Die Minimierung der Funktion $K_E(X)$ erfolgt nun unter einer Reihe von Nebenbedingungen, die sich u.a. aus den beschränkten Behälterkapazitäten ergeben:

$$x_i \geq 0, \quad i = 1, \ldots, p, \quad A \geq 0, \quad B_0 \geq 0,$$

$$\sum_{i=1}^{k} t_i (x_i - v_i) + A_0 - A_{max} \leq 0,$$

$$\sum_{i=1}^{k} t_i (v_i - x_i) - A_0 \leq 0,$$

$$\sum_{i=1}^{k} t_i (s_i - x_i) + B_0 - B_{max} \leq 0, \quad k = 1, \ldots, p-1,$$

$$\sum_{i=1}^{k} t_i (x_i - s_i) - B_0 \leq 0,$$

$$\sum_{i=1}^{p} t_i (x_i - v_i) = 0.$$

1.3. Optimierung und Programmierung (Softwarebasis)

Nachdem im vorhergehenden Abschnitt Einsatzfälle für Optimierungsverfahren dargestellt wurden, dient dieser Abschnitt der Beschreibung der Softwarebasis für die Implementierung von Optimierungsverfahren. In Abschnitt 1.3.1. wird ein Überblick zu Programmiersprachen gegeben, danach steht in Abschnitt 1.3.2. die Sprache PASCAL im Mittelpunkt, so wie sie für die Umsetzung von Optimierungsverfahren in Programme für Mikrorechner hier im Buch benutzt wird.

In den Abschnitten 1.3.3. und 1.3.4. werden einerseits Lösungsschritte von Optimierungsproblemen charakterisiert und andererseits wünschenswerte numerische Eigenschaften von Programmen beschrieben.

1.3.1. Übersicht zu Programmiersprachen

Höhere Programmiersprachen sind entstanden, um dem Nutzer die Formulierung von Programmen in einer ihm gemäßen Form zu ermöglichen. Sie charakterisiert eine Entwicklungsstufe zwischen der anfänglichen Notwendigkeit, in Maschinensprache zu arbeiten, und dem Ziel der V. Rechnergeneration, der Eingabe von Anweisungen an den Rechner im menschlicher Sprache. Damit wird auch der Entwicklungstrend von Hardware und Software in Richtung verbesserter Nutzerfreundlichkeit zum Ausdruck gebracht.

Einige der Sprachen, die auf Mikrocomputern, Mini- oder Großrechnern verwendet werden, seien hier kurz aufgelistet:

ADA, ALGOL 60, ALGOL 68, Assembler,
BASIC, BCPL,
C, COBOL, COMAL, CORAL,
DIBOL, ELAN, EUCLID,
FORTH, FORTRAN,
LISP, LOGO, MODULA-2, MUMPS,
PASCAL, PEARL, PILOT, PL/1, PL/M, PROLOG, PROSA,
RPG II, SIMILA 67, SMALLTALK, SNOBOL, STOIC

Die Auswahl einer dieser Sprachen hängt von der Art des Problems, aber auch von den Denkgewohnheiten des Programmierers ab. Weiterhin spielen auch die Eigenschaften der Umgebung, in der eine Sprache verwendet wird, eine wichtige Rolle. Einige Sprachen eignen sich jedoch besonders für die Verwendung auf Mikrocomputern und leisten dort mehr als andere. Überhaupt gibt es kaum eine wichtige Sprache, die nicht für Mikrocomputer verfügbar wäre. Das gilt sowohl für 8-bit-Mikroprozessoren als auch für Rechner mit 16-bit- und mehr Verarbeitungsbreite.

Für Mikrocomputer ist in den letzten Jahren PASCAL, insbesondere in seinem TURBO-Dialekt, sehr in den Vordergrund gerückt. Dies hat seine Ursache vor allem in den didaktischen Vorzügen und der bequemen Programmierumgebung für diese Sprache.

Deshalb konzentrieren auch wir uns im nächsten Teil dieses Abschnittes auf PASCAL. Einige andere wichtige Sprachen für Mikrocomputer seien hier kurz erwähnt.

C

Als Werkzeug zur Entwicklung von UNIX kreiert, profitiert diese Sprache von der wachsenden Bedeutung dieses Betriebssystemes. Oberflächlich betrachtet sieht ein C-Programm aus wie ein PASCAL-Programm, und man kann strukturiert programmieren. Es gibt nur wenige Datentypen, dafür aber ein reichhaltiges Angebot an Operatoren zur Manipulation von Werten. C hat vieles mit Assembler gemeinsam, ist also sehr "maschinennah". Die Sprache ist sehr flexibel und erlaubt elegantes, knappes Programmieren. Eine der größten Stärken der Sprache ist die Verarbeitung von Adreßwerten (Pointer). Damit kann man sämtliche Daten organisieren. C hat als Sprache einen geringen Umfang und erhält zum Beispiel keinerlei Ein- und Ausgabebefehle. Solche Aufgaben übernehmen Standardfunktionen, die zum Compiler gehören. Obwohl es keinen offiziellen Standard für C gibt, sind die verschiedenen Compiler überraschend einheitlich.

FORTH

Die Sprache FORTH wurde von einem Computeranwender für die Steuerung einer Sternwarte entwickelt. Sie gilt als eine der Standardsprachen für die Programmierung von Robotern und zeichnet sich dadurch aus, daß sie eigentlich erst durch die Fähigkeit des Benutzers zu einer Sprache wird.

Ausgegangen wird von einer Sammlung grundlegender Befehle, wie sie auch in anderen Sprachen zu finden sind. Durch Kombination dieser Befehle kann man nun weitere Elemente bestimmen, die sich

---

Strukturierte Programmierung ist eine Methode zur Erstellung von Software. Der Begriff selbst wurde 1971 erstmals von dem niederländischen Informatiker DIJKSTRA verwendet.
Die Formalistik der Strukturierten Programmierung beruht auf einer hierarchischen Gliederung der Rechneranweisung. Das Programm wird in mehere Ebenen zerlegt, innerhalb derer es von oben nach unten (top-down approach) entwickelt werden kann. Ein Gesamtproblem wird so in einzelne Strukturblöcke aufgegliedert, die ihrerseits funktional abgegrenzte Teilprogramme repräsentieren. Programmtechnisch kommt diesen Strukturblöcken eine relativ große Selbständigkeit zu; sie haben nur einen Eingang und einen Ausgang, die Brücke zur nächstfolgenden Ebenen der Programmhierarchie ist eindeutig gegekennzeichnet. Solche Programme besitzen die Qualitaetsmerkmale für Software wie: korrekt, benutzerfreundlich, wartbar, portabel und effizient.

dann so verhalten, als seien sie schon immer Bestandteil der Sprache gewesen.

FORTH arbeitet in einer interaktiven Umgebeung, ist also flexibel in der Anwendung. Dabei werden kurze Programmlaufzeiten erreicht, weil das System den Inhalt aller neu definierten Wörter in eine Form umsetzt, die zwischen reinem Programmtext und echtem Maschinencode liegt.

Daß der Umfang von FORTH so klein ist, hat dazu geführt, daß die Sprache sehr bald für Microcomputer zur Verfügung stand.

FORTRAN

FORTRAN ist eine mathematisch und naturwissenschaftlich orientierte Sprache (Formular Translator), die schon Anfang der 50er Jahre entstand. Das vorgeschriebene Eingabeformat leitet sich von der wohlbekannten Lochkarte her. Es gibt zwei genormte Versionen, FORTRAN IV aus dem Jahr 1966 und FORTRAN 77, das 1978 standardisiert wurde.

Die Sprache wurde vorrangig von Ingenieuren und Wissenschaftlern auf Großrechnern benutzt, und es entstanden ganze Bibliotheken von Standardprogrammen in FORTRAN, so auch zur linearen und nichtlinearen Optimierung. Mit dem Übergang zur dezentralen Rechentechnik werden auch FORTRAN-77-Compiler auf Personalcomputern angeboten.

FORTRAN-Programme werden vor allem für numerische Probleme erstellt, die Sprache hat nur begrenzte Fähigkeiten zur Verwaltung von Daten und Massenspeichern und zur Manipulation von Zeichenketten. Diese Nachteile wurden mit der 22er Variante und neueren Versionen teilweise überwunden.

FORTRAN besitzt nicht sehr viele Sprachelemente, so daß die auf Microcomputern laufenden Compiler jeweils annähernd den gesamten Sprachumfang bieten. Von praktischer Bedeutung ist die computergerechte Programmstruktur, die die Verbindung zwischen FORTRAN- und Assemblerprogrammen erleichtert.

LOGO

Diese Sprache ist eine Abart von LISP. Sie hat aber einen geringeren Speicherbedarf und ist damit besonders für den Heimcomputer geeignet. In erster Linie wurde sie für Kinder zur Einführung in die Denkweise von Computern entwickelt.

Bekannt an LOGO ist vor allem die sogenannten Schildkrötengrafik (Turtle Graphics), bei der eine am Monitor vorhandene Schildkröte die Zeichnungen angefertigt. Die Programmierung erfolgt ähnlich wie in FORTH: Man hat eine Grundausstattung an Elementen zur Verfügung, die durch selbstprogrammierte Funktionen beliebig erweitert werden kann. Ebenso wie FORTH und LISP ist LOGO interpretativ.

Basic

Die Sprache Basic (Beginners All-Purpose Symbolic Instruction Code) wurde in einer sehr einfachen Version schon Anfang der 60er Jahre für Lehrzwecke entwickelt, d.h. lange vor dem Erscheinen der Mikrocomputer. Da man zu dieser Zeit andere Vorstellungen über eine leicht zu erlernende Sprache hatte als heute, ist BASIC nicht strukturiert. Man arbeitet darin mit einem Stil ähnlich der normalen Sprache und Ausdrücken der Mathematik.

Der ursprüngliche Leistungsumfang von BASIC läßt kaum effektive Programmierung zu, deshalb arbeitet heute selbst der kleinste Rechner mit einer erweiterten Version. Allerdings, und das ist der eigentliche Nachteil der Sprache, sind diese Erweiterungen nicht genormt. So existieren nahezu soviel BASIC-Versionen wie Mikrocomputertypen.

BASIC ist somit eine Bezeichnung für eine ganze Gruppe mehr oder weniger verwandter Sprachen. Darunter gibt es strukturierte und nichtstrukturierte Versionen mit oder ohne Datenverwaltung, Interpreter und Compiler und so weiter. Das ist der Grund, daß damit durchaus auch professionelle Softwareentwicklungen betrieben werden können, und ein großer Teil der Standardprogramme für Mikrocomputer ist in BASIC geschrieben.

1.3.2. **Die Programmiersprache PASCAL** (Turbo-Version)

Die Sprache PASCAL kann als Beispiel für strukturiertes Programmieren bezeichnet werden. Alle Elemente, die das Wesen einer strukturierten Computersprache ausmachen, sind in ihr in Reinkultur enthalten. Gleichzeitig ist der Umfang von PASCAL klein und übersichtlich, so daß keine überladenen Programme möglich sind.

In PASCAL zielt alles auf geistige Disziplin beim Programmieren ab. Interessant ist etwa die Möglichkeit, neue Datentypen zu definieren. Bereits mit diesem Schritt lassen sich viele Probleme gedanklich in die Programmform umsetzen.

Im Jahre 1972 zum ersten Mal beschrieben, ist PASCAL eine der ersten modernen Sprachen, die sich wegen ihres geringen Umfanges für die Entwicklung von Compilern für Mikrocomputer anboten. Deshalb fand sie schnell weite Verbreitung bei diesen Rechnern. Doch bald stellte sich heraus, daß die Sprachelemente für praktische Programmierarbeit nicht ausreichten. So wurden zusätzliche Elemente etwa für Datenverwaltung und Manipulation von Texten eingeführt. Eine der so entstandenen Erweiterungen ist das Programmiersystem TURBO-PASCAL. Hierbei handelt es sich um mehr als um eine Programmiersprache. Es sind auch bequeme Möglichkeiten zur Quelltexterstellung und zum Programmtest vorhanden. TURBO-PASCAL ist gegenwärtig, insbesondere für Arbeitsplatzcomputer, sehr beliebt und unter verschiedenen Betriebssystemen (z.B. CP/M, MS/DOS) implementiert.

Im folgenden soll eine kurze Übersicht zu den hier im Buch verwendeten wichtigsten Elementen von TURBO-PASCAL gegeben werden.

Als arithmetische Operatoren sind in TURBO-PASCAL neben '+' (Addition), '-' (Subtraktion), '*' (Multiplikation) und '/' (Division) noch 'div' (ganzzahlige Division) und 'mod' (ganzzahliger Rest bei ganzzahliger Division) definiert.

In TURBO-PASCAL werden folgende arithmetische Standardfunktionen verwendet:

ABS	Absolutbetrag
INT	ganzzahliger Teil
FRAC	gebrochener Teil
ARCTAN	Arcustangens
COS	Kosinus
SIN	Sinus
EXP	Exponentialfunktion
LN	natürlicher Logarithmus
SQR	Quadrat
SQRT	Quadratwurzel

Die Abarbeitung der Programmschritte kann in TURBO-PASCAL durch die IF...THEN...- bzw. IF...THEN...ELSE...-oder durch die CASE-Anweisung gesteuert werden. Die Auswahl der auszuführenden

Schritte wird bei der IF-Anweisung mittels logischer Ausdrücke und bei der CASE-Anweisung durch Variablenwerte gesteuert.

Zur Bestimmung der Werte logischer Ausdrücke werden die logischen Operatoren der Konjunktion (AND), der Disjunktion (OR), des exklusiven Oder (XOR) und der Negation (NOT) sowie die Vergleichsoperatoren gleich (=), kleiner als (<), größer als (>), kleiner oder gleich (<=), größer oder gleich (>=) und ungleich (<>) verwendet. Weiterhin ist die Benutzung logischer Funktionen möglich.

Wichtige vordefinierte Datentypen in TURBO-PASCAL sind die ganzzahligen Typen INTEGER und BYTE, der reellwertige Typ REAL, der Typ BOOLEAN für die logischen Werte TRUE (wahr) und FALSE (falsch), der Typ CHAR für Zeichen und der Typ STRING für Zeichenketten. Insbesondere die komfortablen Möglichkeiten der Zeichenkettenverarbeitung sind eine wesentliche Erweiterung von TURBO-PASCAL gegenüber dem ursprünglichen Umfang von PASCAL.

Mit Hilfe der TYPE-Anweisung kann der Programmierer weitere einfache Typen sowie zusammengesetzte Typen wie ARRAY-Typen (Felder), RECORD-Typen (Datenstrukturen), SET-Typen (Mengen), FILE-Typen (Dateien) und Pointertypen (Hauptspeicheradressen) definieren.

Einige weitere wichtige Sprachelemente und Standardroutinen in TURBO-PASCAL sind:

ODD:	Benötigt als Argument einen ganzzahligen Ausdruck und liefert den Wert TRUE, wenn dieser ungerade ist, sonstFALSE.
LENGTH:	Liefert die Länge einer Zeichenkette.
POS:	Benötigt als 1. und 2. Argument Zeichenketten und bestimmt die Position, an der das 1. Argument im 2.enthalten ist.
CONCAT:	Verkettet mehrere Zeichenketten zu einer Zeichenkette.COPY: Gibt eine Teilkette einer Zeichenkette (1. Parameter) ab einer vorgegebenen Position (2. Parameter) und mit vorgegebener Länge (3. Parameter) zurück.
DELETE:	Löscht eine Teilketteeiner Zeichenkette (1. Parameter) ab einer vorgegebenen Posi-

	tion (2. Parameter) und mit vorgegebener Länge (3. Parameter).
INSERT:	Fügt eine Zeichenkette (1. Parameter) ab einer vorgegebenen Position (3. Parameter) in eine andere Zeichenkette (2. Parameter) ein.
STR,VAL:	Wandeln einen numerischen Wert in eine Zeichenkette um (STR) und umgekehrt.
ORD,CHR:	Wandeln ein Zeichen in den zugehörigen ASCII-Wert um(ORD) und umgekehrt.
RANDOM:	Bestimmt eine Zufallszahl zwischen 0 und 1.
RESET:	Eröffnet ein File zum Lesen.
REWRITE:	Eröffnet ein File zum Schreiben.
WRITE,WRITELN:	Veranlassen die Ausgabe von Daten, wobei WRITELN abschliessend den Übergang in eine neue Zeile bewirkt.
READ,READLN:	Veranlassen die Eingabe von Daten, wobei READLN abschließend den Übergang in eine neue Zeile bewirkt.
EOF:	Gibt den Wert TRUE zurück, wenn das Ende des als Parameter anzugebenden Files erreicht ist, sonst FALSE.
CLRSCR:	Löscht den Bildschirm
GOTOXY:	Positioniert den Cursor an den angegebenen Bildschirmkoordinaten.
EXIT:	Beendet das aktuelle Unterprogramm.
CONST,VAR:	Erlauben die Definition von Konstanten und Variablen.
WHILE...DO...:	Führt eine Schleife aus, wobei vor jeder Iteration ein logischer Ausdruck überprüft wird.
REPEAT...UNTIL...:	Führt eine Schleife aus, wobei nach jeder Iterationein logischer Ausdruck überprüft wird.
FOR...DO...:	Führt eine Schleife aus, wobei die Iterationen durch eine Laufvariable, für die ein Anfangs- und Endwert vorgegeben wurde, gezählt werden.

FUNCTION,PROCEDURE: Leiten die Definition eines Unterprogramms ein. FUNCTION-Unterprogramme geben einen Wert zurück.

GOTO: Ist eine unbedingte Sprunganweisung.

Kommentare müssen in TURBO-PASCAL durch { und } oder durch (* und *)eingeschlossen werden.

Einige der vorgestellten Elemente von TURBO-PASCAL seien an einem einfachen Programm demonstriert, das für eingegebene Datumsangaben die zugehörigen Wochentage bestimmt und den Nutzer auf fehlerhafte Eingaben aufmerksam macht. Hierbei wurden zur Erhöhung der Verständlichkeit sehr lange Variablenbezeichnungen gewählt, was natürlich im allgemeinen nicht nötig ist.

```
Program Kalender;
type md=array[1..12] of integer;
var
  Datum,h: string[20];
  Tag,Monat,Jahr,p,i,e: integer;
  Wochentag: array[1..7] of string[20]:
  Monatsdauer: md;
  Fehler: boolean;

function TagNr(Tag,Monat,Jahr:integer; var Monatsdauer:md;var Fehler:
               boolean):integer;
var
   Schalt: boolean;
   NrTagiJ,Diff,AnzSchalt,Nr,i,i1,i2: integer;

function Schaltjahr(Jahr:integer):boolean;
begin
  if     (Jahr mod 4 <> 0)or((Jahr mod 100 = 0)and(Jahr mod 400 <> 0))
    then Schaltjahr:=false;
    else Schaltjahr:=true;
end; {Schaltjahr}
```

```
begin
  Fehler:=false; Schalt:=Schaltjahr(Jahr);
  if Schalt then Monatsdauer[2]:=29 else Monatsdauer[2]:=28;
  if Tag>Monatsdauer[Monat] then
     begin Fehler:=true;
           exit;
     end;
  NrTagiJ:=0;
  for i:=1 to Monat-1 do NrTagiJ:=NrTagiJ+Monatsdauer[i];
  NrTagiJ:=NrTagiJ+Tag;
  { Bezugsdatum ist Montag, der 1.1.2001
   im folgenden wird ausgenutzt: 365 mod 7 = 1  (kein Schaltjahr) und
                                 366 mod 7 = 2  (Schaltjahr)
  Diff:=Jahr-2001; AnzSchalt:=abs(Diff) div 4;
 if (Diff<0)and(abs(Diff) mod 4 <> 0) then AnzSchalt:=AnzSchalt+1;
  if Diff>=0 then
     begin i1:=21; i2:=(Jahr-1) div 100; end
  else
     begin
       i1:=Jahr div 100; if Jahr mod 100 <> 0 then i1:=i1+1;
       i2:=20;
     end;
  for i:=i1 to i2 do
    if not Schaltjahr(100*i) then AnzSchalt:=Anzschalt-1;
  if Diff>0 then Diff:=Diff+AnzSchalt else Diff:=Diff-AnzSchalt;
  Diff:=Diff+NrTagiJ-1; Nr:=(Diff+1) mod 7;
  if Nr<=0 then Nr:=Nr+7;
  TagNr:=Nr;
end; {TagNr}
begin
  Wochentag[1]:='Montag'; Wochentag[2]:='Dienstag';
  Wochentag[3]:='Mittwoch'; Wochentag[4]:='Donnerstag';
  Wochentag[5]:='Freitag'; Wochentag[6]:='Sonnabend';
  Wochentag[7]:='Sonntag';
  for i:=1 to 12 do begin
      if (i=4)or(i=6)or(i=9)or(i=11)
         then Monatsdauer[i]:=30;
```

```
        else Monatsdauer[i]:=31;
    end;

writeln('Bestimmung der Wochentage fuer beliebige Datumsangaben
          der Form');
  writeln('tt.mm.jjjj mit 1600<=jjjj<=2099 (Gregorianischer
          Kalender)');
  writeln('Beendigung ist durch Eingabe von <!> moeglich!');
          writeln;
  repeat
    Fehler:=false; write('Datum: '); readln(Datum);
    if Datum='!' then exit;
    p:=pos('.',Datum); if p<2 then Fehler:=true;
    if not Fehler then  begin
        h:=copy(Datum,1,p-1); val(h,Tag,e);
        if e<>0 then Fehler:=true;
      end;
    if (not Fehler)and((Tag<1)or(Tag>31)) then Fehler:=true;
    if not Fehler then
      begin
        delete(Datum,1,p); p:=pos('.',Datum);
        if p<2 then Fehler:=true;
      end;
    if not Fehler then  begin
        h:=copy(Datum,1,p-1); val(h,Monat,e);
        if e<>0 then Fehler:=true;
      end;
    if (not Fehler)and((Monat<1)or(Monat>12)) then Fehler:=true;
    if not Fehler then  begin
        delete(Datum,1,p); val(Datum,Jahr,e);
        if e<>0 then Fehler:=true;
      end;
    if (not Fehler)and((Jahr<1600)or(Jahr>2099)) then Fehler:
          =true;
    if not Fehler then i:=TagNr(Tag,Monat,Jahr,Monatsdauer,
          Fehler);
    if not Fehler then writeln(Wochentag[i])
```

```
    else writeln('Datum fehlerhaft!');
    writeln;
  until datum='!';
end.
```

1.3.3. Optimierungsverfahren und numerische Eigenschaften

Unter der numerischen Lösung einer Optimierungsaufgabe versteht man die Bestimmung eines Optimalpunktes x^* bzw. eines Kuhn-Tucker-Punktes $z^* = (z^*, u^*)^T$, d.h. eines Paares von Vektoren x^* und u^*, die folgendermaßen miteinander verknüpft sind:
Ist x^* die Lösung des Optimierungsproblems

$$f(x) = \min! \text{ bei } x \in \mathbb{R}^n,\ g_i(x) \leq 0, \quad i = 1, 2, \ldots, m, \quad (1)$$

so existiert ein $u^* \in \mathbb{R}^m$ derart, daß unter gewissen Regularitätsbedingungen die sogenannten Kuhn-Tucker-Bedingungen

(i) $L_x\left[x^*, u^*\right] = \nabla f\left[x^*\right] + \sum_{i=1} u_i^* \nabla g_i\left[x^*\right] = 0,$

(ii) $g_i(x^*) \leq 0, \qquad i = 1, \ldots, m,$

(iii) $u_i^* g_i(x^*) = 0, \qquad i = 1, \ldots, m,$

(iv) $u_i^* \geq 0, \qquad i = 1, \ldots, m,$

erfüllt sind.

Regularitätsbedingungen sind Bedingungen an die Optimierungsaufgabe (1), welche eine stetige Änderung der Menge der Optimallösungen gegenüber kleinen Störungen der Aufgabe sichert. Ein Beispiel hierfür ist die Slater-Bedingung, welche durch (1) erfüllt ist, falls die Funktionen $g_i(x)$ konvex sind und

$$G^0 = \left\{x : g_i(x) < 0\right\} \neq \emptyset \text{ ist.}$$

Zur näherungsweisen Bestimmung eines Kuhn-Tucker-Punktes z^* – dieser Fall wird exemplarisch im weiteren betrachtet – wird, ausgehend von l vorzugebenden Startelementen $z^0, \ldots, z^{-l+1}$ durch eine Iterationsvorschrift eine Folge $\left\{z^k\right\}$ erzeugt, deren Elemente möglichst gegen z^* konvergieren sollten. Formal kann dieser Prozeß durch

$$z^{k+1} = T_k\left(z^k, \ldots, z^{k-l+1}\right)$$

beschrieben werden.

Um unter der Vielzahl von Iterationsverfahren besonders leistungsfähige zu charakterisieren, ist es sinnvoll, für die numerische Praxis wesentliche Eigenschaften der Verfahren anzugeben. Hierbei wurden in den vergangenen Jahren sowohl in theoretischer als auch in empirischer Hinsicht zwei unterschiedliche Wege beschritten.

Theoretische Richtung

Für die praktische Anwendung wünschenswerte Eigenschaften von Optimierungsverfahren werden mit funktionalanalvtischen Hilfsmitteln der numerischen Mathematik nachgewiesen. Zu diesen Eigenschaften zählen:

(I) Die globale Konvergenz

Im allgemeinen ist eine Menge hinreichend nahe an einem Kuhn-Tucker-Punkt z^* gelegener Startpunkt $z^0, \ldots, z^{-l+1}$ unbekannt. Deshalb möchte man gewährleistet haben, daß ausgehend von einer beliebig gewählten Menge von Vektoren $z^0, \ldots, z^{-l+1}$, das Verfahren durchführbar ist und die Folge der Iterierten $\left\{z^k\right\}$ in eine beliebig kleine Umgebung von z^* gelangt. Diese Eigenschaft wird globale Konvergenz des Verfahrens genannt.

(II) Lokal überlineare Konvergenz

Für die Qualität eines Optimierungsverfahrens ist die rasche Verbesserung der Näherung in der Umgebung der Lösung wesentlich. Die damit zusammenhängende Konvergenzgeschwindigkeit läßt sich in einer Umgebung von z^* unter geeigneten Voraussetzungen abschätzen. Setzt man dazu $\delta_k = \|z^k - z^*\|$, so werden die Beziehungen

$$\exists\ k_0,\ \text{so daß}\ \delta_{k+1} \le \overline{Q}\delta_k^T \quad \forall\ k \ge k_0 \tag{2}$$

und

$$\exists\ k_0,\ \text{so daß}\ \underline{Q}\delta_k^T \le \delta_{k+1} \quad \forall\ k \ge k_0 \tag{3}$$

untersucht, womit die sogenannte Q-Ordnung der Konvergenz bestimmt werden kann (vgl. [47]). Eine Nullfolge $\{\delta_k\}$ nichtnegativer Zahlen heißt mindestens von der Q-Ordnung $\tau \geq 1$ konvergent, wenn (2) gilt, wobei für $\tau = 1$ noch $\bar{Q} < 1$ gefordert werden muß. Sie heißt höchstens von der Q-Ordnung τ konvergent, wenn (3) gilt. Gelten beide Abschätzungen, so heißt die Folge genau von der Q-Ordnung τ konvergent. Für $\tau = 1$ bzw. $\tau = 2$ spricht man auch von Q-linearer oder Q-quadratischer Konvergenz. Eine Q-Ordnung $\tau > 1$ heißt überlinear. Treten Abschätzungen der Form

$$\delta_{k+1} \leq \bar{Q}\delta_k^{\alpha_0} \delta_{k-1}^{\alpha_1} \cdots \delta_{k-l+1}^{\alpha_{l-1}}$$

auf, so bestimmt man die Konvergenzgeschwindigkeit x^* als positive Wurzel der sogenannten charakteristischen Gleichung

$$x^l = \alpha_0 x^{l-1} + \cdots + \alpha_{l-2}x + \alpha_{l-1}.$$

(III) Weitgehende Ableitungsfreiheit

Verfahren, in denen Ableitungen verwendet werden, erfordern zusätzlichen Aufwand bei der Programmierung. So kommen bei ersten Ableitungen n skalare Funktionen vor, bei zweiten Ableitungen sogar $n(n+1)/2$. Bei vielen Optimierungsproblemen ist die Ermittlung von Funktionswerten erst als Ergebnis einer iterativen Berechnung des Modellgleichungssystems möglich, so daß das Bereitstellen von Ableitungen auf prinzipielle Schwierigkeiten trifft. Aus diesen Gründen ist es vielfach nur möglich, Optimierungsverfahren zu verwenden, die auf die numerische Approximation von ersten und zweiten Ableitungen zurückgreifen.

Ebenso ist die analytische Bildung von Ableitungen und deren Programmierung eine typische Fehlerquelle. Abhilfe werden hier in Zukunft Methoden der Symbolmanipulation bringen, die die analytische Ableitungsbildung und deren Programmierung automatisieren.

(IV) Keine Verwendung globaler Informationen.

Quantitative Angaben über das globale Verhalten der Problemfunktionen (Lipschitz-Konstanten u.ä.) sind in der Regel schwer beschaffbar. Aus diesem Grunde vermeiden leistungsfähige Verfahren fahren die Verwendung dieser Informationen in der Iterationsvorschrift.

(V) Zulässigkeit der Iterierten

Bei einer Reihe von praktischen Problemen muß das Erfülltsein gewisser bzw. aller Nebenbedingungen in den Iterationspunkten gesichert sein. Will man eine Näherung akzeptieren, so ist dies oft ein entscheidendes Kriterium.

Empirische Richtung

Die Eigenschaften numerischer Verfahren werden anhand ihres Verhaltens gegenüber Testbeispielen und ihrer Implementierung auf Rechenanlagen beschrieben. Als Kriterien für die Einschätzung lassen sich heranziehen:

A) Die Robustheit des Verfahrens, d.h. die Fähigkeit, eine möglichst große Anzahl vorgelegter Probleme erfolgreich zu lösen.
B) Die Effektivität des Verfahrens, d.h. der notwendige numerische Aufwand zur Lösung eines Problems.
C) Die Einfachheit der Anwendung, d.h. der vom Nutzer zu erbringende Aufwand zur rechentechnischen Aufbereitung eines zu lösenden Problems.
D) Die maximale Dimension der behandelbaren Probleme.
E) Organisation des implementierten Programms, Programmstruktur und -länge.

Dies ist die Grundlage für eine Bewertung der einzelnen Optimierungsverfahren, wie sie z.B. Lootsma in [31] unter dem Namen "Ranking and Rating" aus den wünschenswerten Eigenschaften (empirische Richtung) herleitet.

Exemplarisch sei für eine solche Vorgehensweise Schittkowski [45] genannt, der in seine Betrachtungen 26 Algorithmen einbezieht, die an 185 Beispielen getestet wurden.

1. Das Wilson-Verfahren in der Implementierung von POWELL.
2. Die Methode von MURRAY und BIGGS (2 Implementierungen).
3. Verallgemeinerte Reduzierte-Gradienten-Verfahren (4 Implementierungen).
4. Das Verfahren von ROBINSON.
5. Penalty- und Multiplikatorenmethoden (18 Implementierungen)

Faßt man diese Rangfolgen für die Verfahren hinsichtlich einzelner Merkmale in geeigneter Weise zusammen, so kommt man zu "Platzziffern" für Algorithmen, welche für einige der oben genannten Kriterien das folgende Aussehen haben:

Verfahrensklasse	Effektivität	Robustheit	gewichtete Bewertung
1	17	25	21
2	19-28	41-44	32-38
3	47-55	9-44	23-34
4	25	33	31
5	54-102	32-67	53-80

Die Tendenzen der Softwareentwicklung zu einer "bequemen" Nutzung leistungsfähiger Programme stehen nicht im Widerspruch zu dem Anliegen, für Personalcomputer effektive Algorithmen in überschaubaren Implementierungen bereitzustellen, wie dies in dem folgenden Kapitel geschieht.

1.3.4 Vom PASCAL-Programm zum Expertensystem

Die Nutzung eines implementierten Optimierungsverfahrens ist oft Bestandteil des Bearbeitungsprozesses einer naturwissenschaftlich-technischen Aufgabenstellung. Nach der bereits erörterten mathematischen Modellierung umfaßt dieser Prozeß die folgenden Phasen:

- Auswahl eines geeigneten Verfahrens zur Lösung des Problems,
- Erstellen des zugehörigen Programms,
- Bereitstellung des Problemfiles,
- Starten des Programms,
- Auswertung der Abbruchursache, danach
- entweder: Modifikation des Modells
  oder: Wahl eines anderen Verfahrens
  oder: Zusammenstellung der Ergebnisse.

Falls alle diese Schritte vom Nutzer selbständig durchzuführen sind, ist dies naturgemäß mit einem recht hohen Aufwand verbunden. Deshalb wurden in den letzten Jahren verstärkt Bemühungen unternommen, Wissen über Optimierungsverfahren zu formalisieren und damit die Möglichkeit zu schaffen, den Problemlösungsprozeß weitgehend vom Rechner selbst organisieren und durchführen zu lassen.

Die auf diesem Gebiet in den 60er und 70er Jahren mit der Erstellung vonProgrammpaketen für Großrechenanlagen eingeleitete Entwicklung hat – insbesondere nach Fortschritten in der Dialogarbeitsweise – inzwischen zu menügeführten Programmbanken und Expertsystemen geführt. Im Zusammenhang mit der stürmischen Entwicklung der Mikrorechentechnik sind solche Anwendungen in immer stärkerem Maße auch für kleinere Rechenanlagen – insbesondere Personalcomputer – möglich.

Expertsysteme sind dadurch charakterisiert, daß sie Erfahrungen von Spezialisten auf einem bestimmten Sachgebiet speichern und sie bei der Behandlung anstehender Probleme mit einbringen. Derartige Systeme wurden in den vergangenen Jahren für verschiedenemathematische und wissenschaftlich-technische Fragestellungen entwickelt, z.B.

MYCIN	– für medizinische Konsultationen,
PROSPECTOR	– für die Erkundung von Bodenschätzen,
EMP	– für Problem der nichtlineren Optimierung.

Es ist klar, daß es sich bei einem echten Expertsystem in der Regel um ein sehr umfangreiches Softwareprodukt handelt, so daß ein Abdruck der zugehörigen Quelltexte den Rahmen dieses Buches weit übersteigen würde. Um aber dem Leser dennoch eine Vorstellung davon zu vermitteln, wie mit den Möglichkeiten einer modernen Programmierumgebung – hier wurde TURBO- PASCAL gewählt – bereits auf einem PC mit relativ einfachen Mitteln softwaretechnische Hilfsmittel entwickelt werden können, die zwar noch nicht mit einem Expertsystem vergleichbar sind, jedoch dem Nutzer bei einigen der oben angeführten Phasen des Problemlösungsprozesses bereits eine recht wirksame Unterstützung bieten, werden in diesem Buch neben Programmen zur Realisierung von Algorithmen der mathematischen Optimierung auch dazugehörige Programme zur Realisierung einer Nutzerunterstützung vorgestellt.

Dadurch werden die einzelnen Phasen der Problemlösung in folgender Weiseunterstützt: Der Aufwand bei der Bereitstellung der problemspezifischen Daten wirdwesentlich verringert. Die erstmalige Eingabe erfolgt formatfrei im Dialog.Dann kann der Nutzer die Problemdaten in ein File abspeichern und bei einer späteren Sitzung wieder einlesen. Da es sich um ein normales Textfile handelt, sind auch kleine Modifizierungen der Daten – wie z.B Abänderungen von Startwerten oder gewissen Parametern – problemlos möglich. Expertsysteme enthalten für solche Modifizierungen und Korrekturen meist integrierte Editoren. Weiterhin ist eine Modellbank zur Abspeicherung der bisher behandelten Probleme und eine Datenbank zur Aufbewahrung der verwendeten Parameter, gewählten Startpunkte, notwendigen Iterationsschritte und Rechenzeiten sowie der Abbruchursachen vorhanden.

Die hier vorgestellte Nutzerunterstützung gestattet zwar lediglich dieErstellung eines Problemfiles für jedes spezielle Problem, jedoch ist esfür den mit den Grundlagen des verwendeten Betriebssystems – MS/DOS bzw.DCP – vertrauten Nutzer nicht schwierig, die Daten in übersichtlicher Form – beispielsweise die jeweiligen Problemdaten zusammen mit den erzielten Rechenerergebnissen – aufzubewahren. Zur Modifizierung der Problemdaten kann z.B. der komfortable TURBO-PASCAL-Editor verwendet werden, der Bestandteil der TURBO-PASCAL-Programmierumgebung ist, die für die Anwendung der Nutzerunterstützung ohnehin benötigt wird. Allerdings ist – im Gegensatz zu Expertsystemen – die Unterstützung desNutzers bei der Auswahl eines geeigneten Verfahrens zur Lösung seinesProblems relativ gering. Der Nutzer wird lediglich nach der Problemklassegemäß Abschnitt 1.1 gefragt, und dann werden ihm die zur Auswahl stehenden Lösungsverfahren angezeigt. Hier wären weitergehende Unterstützungen möglich. So ist es in der nichtlinearen Optimierung sinnvoll, die Art der Nebenbedingungen genauer zu erfragen, da z.B. für linear restringierte Aufgaben mit nichtlinearer Zielfunktion spezielle Lösungsverfahren entwickelt wurden. Auch die Erläuterungen der einzugebenden Zahlenwerte – insbesondere gewisser verfahrensspezifischer Parameter – können natürlich ausführlicher ausfallen, als dies hier – aus Platzgründen – demonstriert wird. Allerdings ist eine diesbezügliche Erweiterung der vorgestellten Programme ohne größeren Aufwand möglich. Beispielsweise kann bei jeder Eingabe eine 'Hilfeanforderung' gestattet werden, die bewirkt, daß Hilfsinformationen aus einem speziellen File - welches beliebig erweitert werden kann - angezeigt werden.

Die Erstellung eines Programms zur Lösung eines speziellen Problems ist nicht nötig.

Für die einzelnen Verfahren liegen PASCAL-Prozeduren vor. Für jede der dreioben genannten Problemklassen liegt ein ausführbares Programm vor, das selbstverständlich auch separat genutzt werden kann. Bei der Verwendung der Nutzerunterstützung wird das jeweils benötigte Programm automatisch aufgerufen (unter Verwendung der TURBO-PASCAL-Prozedur exec), wobei es die benötigten Informationen dem zuvor gleichfalls automatisch erzeugten Problemfile entnimmt. Im Falle der nichtlinearen Optimierung wird zur Berechnung der Werte von Zielfunktion und Nebenbedingungen eine PASCAL-Prozedur benutzt, die es gestattet, den Wert einer beliebigen Funktion von n reellen Argumenten für gegebene Werte der Argumente zuberechnen, wenn die Funktion durch eine Funktionsgleichung beschreibbar ist. Die rechte Seite der Funktionsgleichung wird hierbei als Zeichenkette übergeben. Daher ist es nicht nötig, für jede spezielle Problemfunktion ein neues PASCAL-Unterprogramm zur Beschreibung der Funktion zu verwenden. Im letzteren Fall müßte durch die Nutzerunterstützung eine automatische Generierung von Quelltext erfolgen, wie dies z.B. in einigen Expertsystemem - so in EMP - erfolgt.

Expertsysteme zeichnen sich ferner dadurch aus, daß im Falle einer nichterfolgreichen Beendigung der Rechnung versucht wird, dem Nutzer Informationen über die Abbruchursache in einer für ihn verständlichen Form sowie Empfehlungen hinsichtlich einer geeigneten Modifikation des Modells oder der Wahl eines anderen Verfahrens zu geben. In einigen Fällen wird automatisch eine neue Rechnung mit geeignet modifizierten Problemdaten versucht. Hierbei kommt das Wissen des Spezialisten auf dem Gebiet der Optimierung wesentlich zur Geltung. Die hier vorgestellten Programme beschränken sich dagegen im wesentlichen auf eine Fehlernachricht, aus der der Nutzer selbständig die nötigen Schlußfolgerungen ziehen muß.

2. Lineare Optimierung

Die lineare Optimierung besitzt eine große volkswirtschaftliche Bedeutung besonders bei der Lösung von Planungsproblemen. Sie gestattet, aus einer Vielzahl von möglichen Varianten die nach dem jeweiligen Zielkriterium günstigste zu berechnen und zu bewerten.

In Abb.3 ist eine Aufgabenstellung charakterisiert, die auf lineare Optimierungsprobleme führt. Aus vorgegebenen stofflichen und energetischen Ressourcen, deren Verfügbarkeit durch obere Beschränkungen gekennzeichnet ist, sollen Produkte hergestellt werden, die einen angenommenen Bedarf mindestens decken. Die Produktion selbst ist durch die Struktur des Systems (x_i) und die jeweiligen Input-Output-Koeffizienten (a_{ij}) beschrieben. Die Produktionskapazitäten haben ebenfalls Beschränkungen in der Form von oberen und unteren Grenzen (mindestens nichtnegativ). Denkt man sich zu dem Planungsmodell von Abb.3 noch eine Zielfunktion in Form von maximaler Auslastung vorhandener Ressourcen oder in Form eines ökonomischen Zielkriteriums, hat man mathematisch ein Problem der linearen Optimierung formuliert.

Dieses Problem ist typisch für eine Vielzahl von Aufgaben. So werden auf diese Weise z.B. Fragen der Planung des Energiesystems eines Landes oder die Produktion von petrolchemischen Produkten aus einer gegebenen Menge an importiertem Erdöl untersucht; ebenso Planungen im Rahmen einer volkswirtschaftlichen Gesamtbilanz und auch betriebliche Material- und Energie- flüsse.

Für derartige Produktionsplanungsprobleme wurde erstmalig von KANTOROWITSCH 1939 eine lineare Optimerungsaufgabe beschrieben. Er entwickelte hierzu gleichzeitig eine Lösungsmethode, die er "Methode der Auflösungsmultiplikatoren" nannte. DANTZIG veröffentlichte 1947 eine Lösungsmethode für Probleme der linearen Optimierung, die unter dem Namen Simplexmethode bekannt wurde und heute noch als die klassische Lösungsmethode für Probleme der linearen Optimierung gilt. In Abschnitt 2.1 stellen wir diese Methode vor. Es ist kein Zufall, daß diese Methode mit der Entwicklung der Rechentechnik in den 50er Jahren mehr und mehr an

Bedeutung gewonnen hat. Dabei zeigte sich jedoch, daß die rechentechnische Umsetzung einer Methode Rückwirkungen auf ihre Weiterentwicklung selbst hat. So wurde das revidierte Simplexverfahren entwickelt, das rechentechnisch weitaus günstiger ist. Es ist in Abschnitt 2.2 beschrieben.

In Abschnitt 2.3 stellen wir zwei neuere Ideen dar, durch die man versucht, effektivere Lösungsvarianten für lineare Optimierungsprobleme zu erreichen, indem man die Suche des Optimums nicht mehr nur entlang der Eckpunkte des Polyeders der Nebenbedingungen organisiert, sondern gestattet, durch das Innere des zulässigen Bereiches zu gehen.

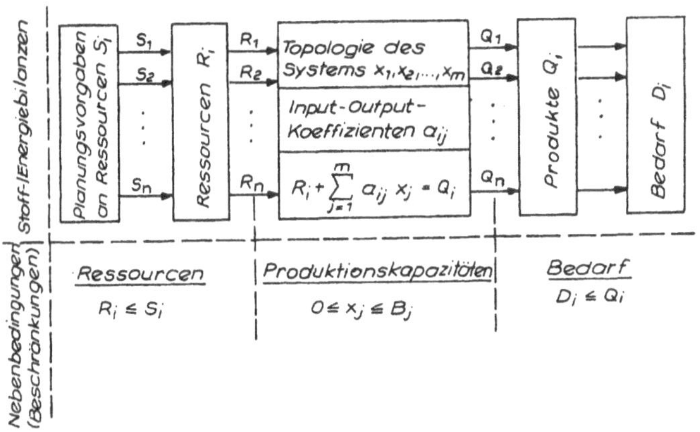

Abb. 3: Prinzipschema eines Planungsmodells der linearen Optimierung basierend auf Stoff- und/oder Energiebilanzen.

2.1. Das Simplexverfahren

Grundlagen des Verfahrens

Jedes Problem der linearen Optimierung läßt sich durch geeignete Umformungen auf die *Normalform* folgender Gestalt zurückführen. Die lineare Funktion

$$z(x_1, x_2, \ldots, x_{n+m}) = c_1 x_1 + c_2 x_2 + \ldots + c_{n+m} x_{n+m}$$

ist unter Berücksichtigung der linearen Gleichungen

$$\begin{aligned}
a_{11}x_1 + a_{12}x_2 + \dots + a_{1n}x_n + x_{n+1} &= b_1, \\
a_{21}x_1 + a_{22}x_2 + \dots + a_{2n}x_n + x_{n+2} &= b_2, \\
&\vdots \\
a_{m1}x_1 + a_{m2}x_2 + \dots + a_{mn}x_n + x_{n+m} &= b_m, \qquad (1) \\
x_j \geq 0 \quad \forall j = 1, 2, \dots, m + n & \\
b_i \geq 0 \quad \forall i = 1, 2, \dots, m, &
\end{aligned}$$

zu maximieren. In Matrixschreibweise lautet die Aufgabenstellung

$$z = c^T x = \max ! \qquad (2)$$

mit $Ax = b,\ x \geq 0,\ b \geq 0.$

Es wird vorausgesetzt, daß der Rang der Koeffizientenmatrix A des Gleichungssystems der Nebenbedingungen in (1) gleich m ist.

Für die Darstellungen des Simplexverfahrens seien einige Begriffe definiert.

Definition 1. Jede Lösung x von $Ax = b$, die der Bedingung $x \geq 0$ genügt, wird als *zulässige Lösung* bezeichnet.

Definition 2. Je m linear unabhängige Spaltenvektoren von A bilden eine *Basis*, die zu diesen Vektoren gehörigen Variablen heißen *Basisvariable* und alle restlichen Variablen *Nichtbasisvariable*.

Definition 3. Ist das Gleichungssystem von (1) so umgeformt, daß für irgendeine Basis die Basisvariablen durch die Nichtbasisvariablen ausgedrückt sind und die Zielfunktion nur noch von den Nichtbasisvariablen abhängig ist, so wird von einer Basisdarstellung der Lösungsmannigfaltigkeit des linearen Optimierungsproblems gesprochen.

Die allgemeine Form einer solchen Basisdarstellung für (1) ist:

Nichtbasisvariable Basisvariable

$$\begin{aligned}
r_{11}x_1 + r_{12}x_2 + \dots + r_{1n}x_n + x_{n+1} &= k_1, \\
r_{21}x_1 + r_{22}x_2 + \dots + r_{2n}x_n + x_{n+2} &= k_2, \qquad (3) \\
&\vdots \\
r_{m1}x_1 + r_{m2}x_2 + \dots + r_{mn}x_n + x_{n+m} &= k_m, \\
g_1x_1 + g_2x_2 + \dots + g_mx_n + z_B(x) &= c\,.
\end{aligned}$$

<u>Definition 4.</u> Gegeben ist eine beliebige Basis von A und die dazugehörige Basisdarstellung. Eine Lösung x von $Ax = b$, bei der alle Nichtbasisvariablen gleich Null sind, heißt *Basislösung*. Eine Basislösung heißt darüber hinaus *zulässige Basislösung*, wenn alle Basisvariablen nichtnegativ sind.

Sind in (3) alle $k_j \geq 0$, so ist die Basislösung $x_L = (0, 0, \ldots, 0, k_1, \ldots, k_m)^T$ eine zulässige Basislösung, die Basisdarstellung wird dann als zulässige Basisdarstellung bezeichnet. Eine Basislösung ist also eine Lösung, die nur höchstens m von Null verschiedene Lösungskomponenten hat.

Der Zusammenhang zwischen einer zulässigen Basislösung und einem Eckpunkt des Lösungsbereiches wird mit folgendem Satz angegeben.

<u>Satz.</u> *Eine zulässige Lösung x von (1) ist dann und nur dann ein Eckpunkt, wenn x eine zulässige Basislösung ist.*

Mit diesen Definitionen kann das Simplextheorem formuliert werden.

<u>Simplextheorem.</u> *Die Lösung eines linearen Optimierungsproblems (2) ist eine zulässige Basislösung.*

Zur Bestimmung einer optimalen Lösung von (1) oder (3) kommen nach dem Simplextheorem also nur zulässige Basislösungen in Frage. Welche von diesen Lösungen die optimale ist, wird durch das Simplexkriterium beantwortet.

<u>Simplexkriterium.</u> *Ist $x_L = (0, 0, \ldots, k_1, \ldots, k_m)^T$ eine zulässige Basislösung (alle $k_i \geq 0$, $i = 1, \ldots, m$) von (3) und hat die Zielfunktion in der dazugehörigen Basisdarstellung die Form*

$$g_1 x_1 + g_2 x_2 + \ldots + g_m x_n + z_B(x) = c$$

mit $g_j \geq 0$ für $j = 1, \ldots n$, so ist x_L eine Lösung.

Das Simplexverfahren zur Ermittlung einer Lösung von (1) kann mit den gegebenen Aussagen folgendermaßen charakterisiert werden.

Aufgrund des Simplextheorems sind nur die zulässigen Basislösungen auf Optimalität zu untersuchen. Dazu wird von einer zulässigen Basisdarstellung ausgegangen, d.h., (1) wird in (3) übergeführt. Für die zulässige Basislösung x_{L0} gilt dann $z(x_{L0}) = c_0$. Ein Iterationsschritt des Verfahrens besteht im

Auffinden einer neuen Basis B1 mit der dazugehörigen zulässigen Basislösung x_{L1}, für die der Wert der Zielfunktion $z(x_{l1}) = c_1$ ($c_1 \geq c_0$) nicht kleiner als c_0 ist und möglichst maximal zunimmt. Nach einer endlichen Zahl von Anwendungen eines solchen Iterationsschrittes wird erreicht, daß alle Koeffizienten $g_j \geq 0$ für $j = 1, ..., n$ sind. Aufgrund des Simplexkriteriums ist die zu dieser Basisdarstellung gehörige zulässige Basislösung dann eine Optimallösung, sofern sie existiert.

Aufbau des Algorithmus

S0: Eingabe des linearen Optimierungsproblems (2).

S1: Aufbau der entsprechenden Basisdarstellung vom Typ (3) durch Einfügen von künstlichen Variablen.

S2: Ermittle den Index l aus

$$\min_{1 \leq k \leq n} \{g_k\} = g_l$$

Die Nichtbasisvariable x_l wird in der nächsten Iteration zur Basisvariablen.

S3: Ist $g_l \geq 0$, so ist die optimale Lösung $x^* = x_L$ erreicht. Stop.

S4: Ermittle den Index s aus

$$\min_{\substack{1 \leq i \leq m \\ r_{ij} > 0}} \left\{ \frac{k_i}{r_{il}} \right\} = \frac{k_s}{r_{sl}}$$

Die Basisvariable x_s wird in der nächsten Iteration zur Nichtbasisvariablen.

S5: Ermittle die neue Basisdarstellung mit x_l als Basisvariable und x_s als Nichtbasisvariable. Gehe zu S2.

Das PASCAL-Programm "simp2.pas" realisiert diesen Algorithmus.

Beispiel

Gesucht ist das Maximum der Funktion

$$z_1 = 3x_1 + 4x_2$$

mit den Nebenbedingungen

$$\begin{aligned} x_1 + 2x_2 + x_3 &= 80, \\ x_2 + x_4 &= 30, \\ 2x_1 + x_2 + x_5 &= 100, \end{aligned}$$

und $x_i \geq 0$. Der maximale Funktionswert beträgt $z(x^*) = 200$. Lösungspunkt ist $x^* = (40, 20, 0, 10, 0)^T$. Die Basisvariablen sind x_1, x_2 und x_4. Die Lösung wurde nach drei Iterationen erreicht.

Weiterführende Bemerkungen

Das Programm "simp2.pas" des Simplexverfahrens dient hier nur didaktischen Zwecken. Der größte Teil des Programms wird für die Dialogführung und die Problemaufbereitung benötigt. So können auch Nebenbedingungen in Ungleichungsform eingegeben werden, und die Normalform wird vom Programm durch Einfügen von Schlupfvariablen erzeugt.

2.2. Das revidierte Simplexverfahren

Grundlagen des Verfahrens

Das im vorhergehenden Abschnitt beschriebene reguläre Simplexverfahren ist rechentechnisch nicht sehr effektiv, da die gesamte Normalform in jedem Schritt neu berechnet wird, obwohl nur die Informationen aus einzelnen Zeilen und Spalten benötigt werden. Das revidierte Simplexverfahren ist entwickelt worden, um diesen Nachteil zu umgehen. Da es die Basis für die meisten kommerziellen Softwarepakete der linearen Optimierung darstellt, soll es hier ausführlicher behandelt werden.

Es wird von folgendem Problem der linearen Optimierung ausgegangen:

$$z = c^T x = \max ! \qquad (1)$$

mit

$$Ax = b, \qquad (2)$$

$$x \geq 0. \qquad (3)$$

In Übereinstimmung mit den Definitionen von Abschnitt 2.1 kann die Matrix A in zwei Untermatrizen B und N zerlegt werden in Zuordnung zu den Basis- und Nichtbasisvariablen, d.h.:

$$A = (B|N). \qquad (4)$$

Dabei ist B eine nichtsinguläre $m \times m$-Matrix. Der Vektor der Variablen kann dann ebenso in den Untervektor x_B der

Basisvariablen und einen Vektor x_N der Nichtbasisvariablen zerlegt werden, d.h.:

$$x = \begin{bmatrix} x_B \\ \hline x_N \end{bmatrix}. \tag{5}$$

Die Nebenbedingungen (2) können dann umgeschrieben werden:

$$Bx_B + Nx_N = b. \tag{6}$$

Unter der Nutzung von (6) können die m Basisvariablen durch die $(n-m)$ Nichtbasisvariablen ausgedrückt werden:

$$x_b = B^{-1}b - B^{-1}Nx_N \tag{7}$$

Analog zu den obigen Zerlegungen kann auch der Vektor c in (1) zerlegt werden:

$$c = \begin{bmatrix} c_B \\ \hline c_N \end{bmatrix} \tag{8}$$

Für die Zielfunktion gilt dann

$$z = c^T x = (c_B^T \mid c_N^T) \begin{bmatrix} x_B \\ \hline x_N \end{bmatrix} = c_B^T x_B + c_N^T x_N \tag{9}$$

Unter Verwendung von (7) kann die Zielfunktion in Abhängigkeit von den Nichtbasisvariablen dargestellt werden:

$$z = c_B^T (B^{-1}b - B^{-1}N x_N) + c_N^T x_N;$$

nach Umordnen erhält man

$$z = c_B^T B^{-1} b - (c_B^T B^{-1} N - c_N^T) x_N. \tag{10}$$

Nach Einsetzen von (10) in das Ausgangsproblem (1) bis (3) lautet die ursprüngliche Aufgabenstellung

$$z = c^T B^{-1} b - (c^T B^{-1} N - c^T) x_N = \max ! \tag{11}$$

mit

$$x_B = B^{-1}b - B^{-1}Nx_N \quad (x \geq 0). \tag{12}$$

Es ist üblich, die konstanten Terme in (11) und (12) durch β und die Simplexmultiplikatoren π auszudrücken:

$$\beta = B^{-1}b \tag{13}$$

und

$$\pi = c_B^T B^{-1}. \tag{14}$$

Das Problem (11), (12) wird dann zu

$$z = c^T\beta - (\pi^T N - c^T)\, x_N = \max\,! \qquad (15)$$

mit

$$x_B = \beta - B^{-1} N x_N . \qquad (16)$$

Der Zeilenvektor $d = (\pi^T N - c_N^T) \in \mathbb{R}^{n-m}$ wird in der Literatur als *Vektor der reduzierten Kosten* bezeichnet, da er die Änderung der Zielfunktion in Abhängigkeit von den Nichtbasisvariablen (unabhängigen Variablen) angibt. Diesem Vektor können also wichtige Informationen für eine Sensitivitätsanalyse eines Problems entnommen werden. In Anwendung des Simplexkriteriums und des Simplextheorems aus 2.1 kann man für das hier dargestellte Problem folgende Aussage machen:

Wenn für (15) unter (16) eine zulässige Basislösung existiert mit $x_B = \beta \geq 0$ und $x_N = 0$, dann besteht die Optimalitätsbedingung darin, daß alle Elemente des Vektors der reduzierten Kosten nichtnegativ sind, d.h., beide der nachfolgenden Bedingungen müssen erfüllt sein:

Zulässigkeitsbedingung: $\beta \geq 0$, (17)

Optimalitätsbedingung : $d \geq 0$. (18)

Mit diesen Aussagen lassen sich Hinweise für eine Lösungsprozedur ableiten.

(I) Ist für ein j

$$d_j < 0 \quad \text{und} \quad \alpha_j = B^{-1} a_j \leq 0,$$

dann kann die Nichtbasisvariable j so lange wachsen, solange die Basisvariablen zulässig (nichtnegativ) bleiben. Dabei wird mit wachsendem $(x_N)_j$ auch der Wert der Zielfunktion größer.

(II) Ist für ein j

$$d_j < 0 \text{ und } (\alpha_j) > 0 \text{ für mindestens } i = 1, \ldots, m,$$

dann kann eine neue zulässige Basislösung erhalten werden. Wir ermitteln zunächst ein p, für das gilt

---

Im weiteren wollen wir mit dem Vektor a_j die j-te Spalte von A bezeichnen und für einen beliebigen Vektor unter der Bezeichnung $(h)_j$ seine j-te Komponente verstehen.

$$\frac{(\beta)_p}{(\alpha_j)_p} = \min_{\substack{i=1,\dots,m \\ (\alpha_j)_i > 0}} \left\{ \frac{(\beta)_i}{(\alpha_j)_i} \right\},$$

und tauschen $(x_B)_p$ gegen (x_N) aus. Durch diese Austauschoperation wird in der Matrix B die p-te Spalte durch a_q ersetzt. Das bedeutet:

$$\bar{B} = B + (a_q - Be_p)\, e_p^T.$$

Dadurch wird a_q eingefügt und Be_p entfernt die p-te Spalte. Es gilt weiterhin $\alpha_q = B^{-1} a_q$, und man erhält

$$B = B\,(e_1 \,\vdots\, \dots \,\vdots\, e_{p-1} \,\vdots\, \alpha_q \,\vdots\, e_{p+1} \,\vdots\, \dots \,\vdots\, e_m) = BF$$

mit

$$\bar{B}^{-1} = F^{-1} B^{-1}, \quad \bar{\beta} = F^{-1} \beta$$

und

$$F^{-1} = (e_1 \,\vdots\, \dots \,\vdots\, e_{p-1},\ \eta_q \,\vdots\, e_{p+1} \,\vdots\, \dots \,\vdots\, e_m) = E,$$

wobei

$$(\eta_q)_i = \begin{cases} -\alpha_{iq}/\alpha_{pq}, & i \neq p, \\ 1/\alpha_{pq}, & i = p, \end{cases} \quad \text{ist.}$$

Die relevante Information für diese Operation ist also der Vektor η_q und die Spaltenposition p. Die Speicherung kann somit sehr kompakt erfolgen.

Aufbau des Algorithmus

S0: Eingabe der Daten des linearen Optimierungsproblems (1) – (3) und Aufbau der entsprechenden Basisdarstellung.

S1: Ermittle eine zulässige Lösung (Phase 1) sowie B^{-1} und $\beta = B^{-1} b$.

S2: Berechne

$$\pi = c_B^T B^{-1}.$$

S3: Ermittle

$$d = (\pi^T_N N - c^T_N).$$

Anhand der kleinsten negativen Komponente d_j wird die hinzukommende Nichtbasisvariable ermittelt. Ist keine der Komponenten kleiner als Null, so ist die optimale Lösung $x^* = x_L$

erreicht. Stop.

Ansonsten wird der Index j der kleinsten negativen Komponente d_j gleich q gesetzt, d.h. $j = q$.

S4: Berechne die neueintretende Spalte

$$\alpha_q = B^{-1} a_q .$$

S5: Ermittle diejenige Variable, die die Basis verläßt, aus:

$$\frac{(\beta)_p}{(\alpha_p)_q} = \min_{\substack{i=1,\dots,m \\ (\alpha_i)_q > 0}} \left\{ \frac{(\beta)_i}{(\alpha_i)_q} \right\} .$$

Existiert keine derartige Basisvariable, dann ist die Lösung unbeschränkt. Stop.

Ansonsten wird der Index $i = p$ gesetzt.

S6: Es wird die Austauschoperation (Pivotisierung) durchgeführt. Dabei hat (x_B) den Wert Null und (x_N) den Wert β_p/α_{pq}. Gehe zu S2.

Das PASCAL-Programm "rsimp2.pas" realisiert diesen Algorithmus.

Beispiel

Gesucht ist das Maximum der Funktion

$$z = 9x_1 + 10x_2 + 15x_3$$

mit den Nebenbedingungen

$$\begin{aligned} x_1 + 2x_2 + 5x_3 &= 36, \\ 2x_1 + 3x_2 + 3x_3 &= 48, \\ x_1 + x_2 + 2x_3 &= 22 \end{aligned}$$

und

$$x_i \geq 0, \ i = 1, 2, 3.$$

Der maximale Funktionswert beträgt $z(x^*)=202$. Lösungspunkt ist $x^* = (18,4,0)^T$. Die Lösung wurde nach vier Iterationen erreicht.

Weiterführende Bemerkungen

Das revidierte Simplexverfahren ist die Grundlage für die überwiegende Mehrzahl der Softwarepakete der linearen Optimierung. Es benötigt gegenüber dem regulären Simplexverfahren weitaus weniger Speicherplatz. Das gilt besonders dann, wenn die Zahl der Variablen gegenüber der Zahl der Nebenbedingungen größer ist.

Gewöhnlich ist n zwei- bis dreimal größer als m.

Ein weiterer Vorteil ist die geringere Zahl von Multiplikatoren und der damit zurückgehende Einfluß von Rundungsfehlern. Das kommt besonders bei schwachbesetzten Problemen (=geringe Anzahl von Nichtnullelementen in A,b,c) zum Tragen. Erfahrungen besagen, daß praktische Probleme selten über 5% und meist unter 1% besetzt sind. Probleme dieser Art werden effektiv mit Verfahren, basierend auf dem Vorgehen des revidierten Simplex, oder mit Dekompositionsmethoden der linearen Optimierung gelöst. Aus der Literatur sind Berichte über gelöste Probleme mit bis zu 1,2 Millionen Variablen und 90 000 Nebenbedingungen bekannt. Für solche Probleme und auch alle anderen praktischen Aufgaben der linearen Optimierung haben sich die Problembeschreibung und die Lösungsinterpretation und Modifikation als eigenständige Aufgaben neben der Lösung des Problems der linearen Optimierung aufgrund der zu verarbeitenden großen Datenmengen entwickelt.

Eine Aufgabe der linearen Optimierung sei z.B. durch einen Problemanalytiker für energiewirtschaftliche Fragen oder volkswirtschaftliche Fragen formuliert. Mit Hilfe eines Matrixgenerators oder einer Modellierungssprache wird das so erarbeitete Problem dann in den MPS-(Mathematical-Programming-Standard)-file transformiert. Der MPS-file hat sich als Standardeingabe für alle kommerziellen Pakete druchgesetzt und ist eine eindeutige Beschreibung eines linearen Optimierungsproblems.

Durch ein vorhandenes LP-Paket wird dann das Problem gelöst. Diese Pakete verfügen meist auch noch über die Möglichkeit der Lösung von linearen ganzzahligen und quadratischen Problemen. Die Lösung eines LP-Problems ist ebenso ein großer Datenfile, der mit einem Lösungsinterpreter gelesen und analysiert wird. Mit Hilfe eines Postprozessors können Koeffizienten, Variable, Grenzen geändert oder gestrichen werden, ebenso die Zielfunktion. Dieser Dialog wird fortgeführt bis das Ausgangsproblem hinreichend untersucht ist. Eine ausführliche Beschreibung dieser Optimierungstechnologie ist in [33] enthalten.

Hier soll noch kurz der Begriff MPS-Format erläutert werden. In der Tradition des Lochkartenformats werden die 80 Spalten folgendermaßen belegt:

	Feld 1	Feld 2	Feld 3	Feld 4	Feld 5	Feld 6
Spalte	2-3	5-12	15-22	25-36	40-47	50-61
Inhalt	Indikator	Name	Name	Wert	Name	Wert

Die Struktur des MPS-files selbst ist folgendermaßen aufgebaut:

NAME
ROWS
COLUMNS
RHS
RANGES
BOUNDS
ENDATA

Der Daten-file beginnt mit der Vereinbarung eines Namens (NAME) und wird mit der Zeile ENDATA abgeschlossen. Innerhalb der Zeilensektion (ROWS) können zum Beispiel mit verschiedenen Indikatoren wie E (Gleichung), L (kleiner gleich) oder G (größer gleich) alle Typen von Nebenbedingungen angegeben werden. In der Spaltensektion (COLUMNS) können zwei Matrixelemente per Zeile eingegeben werden. Diese Ausführungen seien an einem einfachen Beispiel demonstriert.

Beispiel : $z = x_1 + 3x_2 = \max ?$ (OBJ)

mit den Nebenbedingungen

$-x_1 + x_2 \leq 1$ (CON1)

$x_1 + x_2 \leq 2$ (CON2)

$x_1, x_2 \geq 0$

```
NAME        BEISPIEL
ROWS
 N  OBJ
 L  CON1
 L  CON2
COLUMNS
    X1      OBJ       1.0       CON1      1.0
    X1      CON2      1.0
    X2      OBJ       3.0       CON1      1.0
    X2      CON2      1.0
RHS
    RHS     CON1      1.0
    RHS     CON2      2.0
ENDATA
```

Abb. 4: MPS-FILE FÜR OBIGE AUFGABE

Die Forderung nach Maximierung und die Nichtnegativitätsbedingung werden in einem sogenannten Spezifikationsfile vereinbart.

Detaillierte Aussagen sind [33] oder jedem Benutzerhandbuch für ein konkretes Softwarepaket der linearen Optimierung zu entnehmen. Bekannte Pakete der linearen Optimierung sind

- für IBM-Rechner MPSX/370 und MPS III,
- für CDC-Maschinen der CYBER-Serie APEX III, FMPS,
- für UNIVAC-Computer SCICONIC,
- für ESER-Rechner OPSI.

Beispiele für Optimierungspakete entworfen für Minicomputer sind LINDO und LPMASTER für Mikrorechner.

Typische Matrixgeneratoren sind: DATAFORM, DATAMAT, GAMMA, MAGEN, OMNI/PDS, IBM MGRW, APEX-II MGR, MODELER oder PERUSE.

Modellierungssprachen für große Probleme der Linearoptimierung sind: ALPS (Advenced Linear Programming System), GAMS (General Algebraic Modelling System), LMC (Linear Modelling Capability) als ein Teil von CML (Conversational Modelling Language), MAGIC (Matrix Generator Instruction Converter) und UIMP (User Inteface for Mathematical Programming). Für kleine und mittlere Probleme sind bekannte Systeme: LINDO (Linear Interactive and Discrete Optimizer), MPOS (Multipurpose Optimization System) und UHELP (University of Houston Easy Linear Programming). Eine aktuelle Übersicht zum Gebiet der Software für lineare Optimierungsprobleme ist auch in [46] gegeben.

2.3. Die Klasse der Iterationsverfahren

Die bisher behandelten Verfahren der linearen Optimierung (Simplexverfahren und revidiertes Simplexverfahren) führen nach einer endlichen Schrittzahl zu einer Lösung, falls sie existiert. Im Unterschied zu diesem Vorgehen hat man schon seit den 50er Jahren versucht, das Problem der linearen Optimierung iterativ durch asymptotische Näherung an die Lösung zu behandeln. Dabei erscheint eine Suchstrategie, die vom Startpunkt direkt durch das Innere des zulässigen Bereiches zum Optimum führt, einem Vorgehen entlang der

Eckpunkte des Polyeders der Nebenbedingungen überlegen. Eine solche Suchstrategie durch das Innere des zulässigen Bereiches wird durch die im weiteren vorgestellten Iterationsverfahren (Ellipsoidverfahren und Projektionsverfahren) realisiert. Trotz der theoretisch vorhandenen Vorteile gegenüber den klassischen Simplexverfahren konnte durch numerische Experimente dieser Sachverhalt bisher nicht eindeutig nachgewiesen werden.

Einige der Ursachen hierfür werden in den weiterführenden Bemerkungen diskutiert. Zusammenfassend lassen die bisherigen Erfahrungen die Aussage zu, daß Iterationsverfahren der linearen Optimierung in einigen Spezialfällen erfolgversprechend sein können. Zu diesen Fällen gehören die Lösung von Problemen mit sogenanntem "Kaltstart" (Start ohne zulässigeBasislösung) und Probleme mit spezieller Struktur (Besetztheit).

2.3.1. Das Ellipsoidverfahren

Grundlagen des Verfahrens

Die Leistungsfähigkeit eines Verfahrens der linearen Optimierung wird dadurch bewertet, daß man ermittelt, wieviel arithmetische Operationen zur Lösung der Aufgabe

$$z = c^T x = \min! \qquad (1)$$

bei

$$Ax \leq b,\ x \geq 0,\ x \in \mathbb{R}^n,$$

wobei A eine $m \times n$-Matrix ist und $b \in \mathbb{R}^n$, maximal erforderlich sind. Für das Abschnitt 2.1 beschriebene Simplexverfahren lassen sich Beispiele angeben, bei denen die Anzahl der Variablen und die Anzahl der
Nebenbedingungen exponentiell in diesen Aufwand eingeht.

Um die notwendigen Operationen zu reduzieren, schlug KHACHIJAN [23] den Ellipsoid-Algorithmus vor. Dabei wird unter Verwendung des zu (1) dualen Problems

$$z^* = b^T u = \max ! \qquad (2)$$

bei

$$A^T u \leq c,\ u \leq 0$$

das Ungleichungssystem

$$\begin{aligned} Ax \quad & \le b \\ -A^{T}u & \le -c, \\ c^{T}x - b^{T}u & \le 0, \\ -x \quad & \le 0, \\ u & \le 0 \end{aligned} \tag{3}$$

betrachtet. Weil (3) die notwendigen Optimalitätsbedingungen für (1) und (2) beinhaltet, ergibt sich aus der Lösbarkeit von (3) die Lösbarkeit von (1) und (2) und umgekehrt.

Das System (3) ist Spezialfall des allgemeinen Ungleichungssystems

$$Dz \le r, \tag{4}$$

wobei D eine $\bar{m} \times \bar{n}$-Matrix, r ein $\bar{m}$-Vektor ist und für (3) gerade $\bar{m} = (2n + 2m + 1)$ bzw. $\bar{n} = (n + m)$ gelten. $\bar{G}$ bezeichnet die Menge aller Punkte z, welche (4) erfüllen:

$$\bar{G} = \{z: Dz \le r\}. \tag{5}$$

Das Ungleichungssystem (4) wird beim Khachijan-Algorithmus dadurch gelöst, daß man eine Folge von Ellipsoiden E_k konstruiert. Jedes E_k wird dabei durch

$$E_k = \{w \in \mathbb{R}^{\bar{n}}: w = z^k + B_k z,\ \|z\| \le 1\} \tag{6}$$

mit der $\bar{n} \times \bar{n}$-Matrix B_k und dem $\bar{n}$-dimensionalen Vektor z^k beschrieben und enthält Punkte, welche (4) erfüllen. Liegt der Mittelpunkt z^k von E_k in dem durch (4) beschriebenen Bereich, so wird die Rechnung beendet. Im anderen Fall gibt es eine Nebenbedingung

$$d_{i_k}^{T} z \le r_{i_k}$$

(d_{i_k} – i_k-te Zeile von D, r_{i_k} – i_k-te Komponente von r), welche durch z^k maximal verletzt wird. Verschiebt man die begrenzende Hyperebene derart, daß der Punkt z^k in ihr liegt, so ergibt sich ein Halbellipsoid, welcher Punkte von $\bar{G}$ enthält. Zu diesem Halbellipsoid kann nun in eindeutiger Weise ein umschließendes Ellipsoid E_{k+1} minimalen Volumens konstruiert werden, welches wiederum durch B_{k+1} und z^{k+1} beschrieben wird (siehe Abb.5).

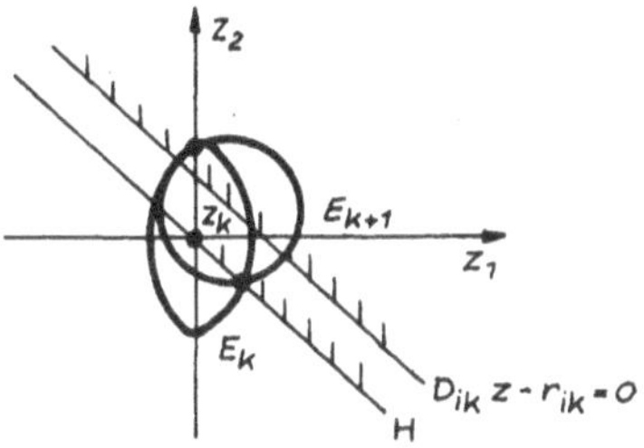

Abb. 5: PRINZIP DES ELLIPSOIDEN-ALGORITHMUS

Den Mittelpunkt z^{k+1} und die Matrix B_{k+1} von E_{k+1} erhält man durch folgende Aufdatierungsformeln

$$z^{k+1} = z^{k} - \frac{B_k \eta}{(\bar{n} + 1)\ \|\eta\|}$$

und

$$B_{k+1} = \left[1 + \frac{1}{16\ \bar{n}^2} \right] B_k Q \Lambda Q^T ,$$

wobei $\eta = B_k d_{ik}$ ein n-dimensionaler Vektor und $\Lambda = \operatorname{diag}(h)$ eine $n \times n$-Matrix mit

$$h = \left[\frac{\bar{n}}{\bar{n} + 1}, \frac{\bar{n}}{\sqrt{\bar{n}^2 - 1}}, \frac{\bar{n}}{\sqrt{\bar{n}^2 - 1}}, \ldots, \frac{\bar{n}}{\sqrt{\bar{n}^2 - 1}} \right]^T$$

sowie Q eine beliebige $\bar{n} \times \bar{n}$-Orthogonalmatrix mit $\eta / \|\eta\|$ als erster Spalte ist.

Zur Konstruktion eines Anfangsellipsoids nutzt man den verifizierbaren Sachverhalt, daß Punkte von G in einer Kugel um den Ursprung mit dem Radius 2^L liegten.

Hierbei ist L in Abhängigkeit von den Koeffizienten d_{ij}, $i = 1, \ldots, \bar{n}$, den Komponenten r_i, $i = 1, \ldots, \bar{m}$, und den Werten von $\bar{m}$ und $\bar{n}$ durch

$$L = \operatorname{int} \left[\sum_{i=1}^{\bar{m}} \sum_{j=1}^{\bar{n}} \log_2 (|d_{ij}| + 1) + \sum_{i=1}^{\bar{m}} \log_2 (|r_i| + 1) + \log_2 \bar{n}\,\bar{m} + 1 \right]$$

erklärt, wobei int (K) den ganzzahligen Anteil von K darstellt.

Es läßt sich zeigen, daß für endliches k entweder der Mittelpunkt z^k des Ellipsoids E_k das Ungleichungssystem (4) erfüllt oder die Unlösbarkeit von (4) festgestellt werden kann. Allerdings ist das im allgemeinen nicht mit dem eingangs erwähnten polynominalen Aufwand möglich. Um dies zu sichern, geht man zu dem gegenüber (4) gestörten Ungleichungssystem

$$Dz \le r + 2^{-L}e \tag{7}$$

über. Für (7) liefert die skizzierte Vorgehensweise bei Verwendung eines Rechners mit Wortlänge L mit einem polynominalen Aufwand eine Lösung.

Zur Veranschaulichung betrachten wir folgendes Beispiel mit einer Nebenbedingung: Die Ungleichung $-w_1 - w_2 \le -1$ ist durch den Punkt $v^0 = \begin{pmatrix} 0 \\ 0 \end{pmatrix}$ nicht erfüllt. Mit der Matrix $R = \begin{pmatrix} 2^5 & 0 \\ 0 & 2^5 \end{pmatrix}$ ergibt sich das Ellipsoid $E_0 = \left\{ w : \frac{w_1^2}{2^{10}} + \frac{w_2^2}{2^{10}} \le 1 \right\}$. Dessen Durchschnitt mit dem Halbraum $H = \left\{ \omega : \begin{pmatrix} -1 \\ -1 \end{pmatrix}^T \left(\omega - \begin{pmatrix} 0 \\ 0 \end{pmatrix} \right) \le 0 \right\}$ wird vom nächsten Ellipsoiden E_{k+1} eingeschlossen.

Aufbau des Algorithmus

S0: Setze $z^0 = 0$, $B_0 = 2^L I_{\bar{n}}$, $k = 0$.

S1: Bestimme Θ_k und i_k gemäß $\Theta_k = \max\,(d_i^T z^k - r_i) = d_{i_k}^T z^k - r_{i_k}$.

S2: Ist $k = \bar{n}^2 L$, so ist das System unlösbar. Stop.

S3: Ist $\Theta_k \le 2^{-L}$, so ist z^k Lösung. Stop.

S4: Berechne

$$\eta_k = B_k d_{i_k},$$

$$\|\eta_k\| = \sqrt{\eta_k \cdot \eta_k},$$

$$\bar{\eta}_k = \eta_k / \|\eta_k\|,$$

$$z^{k+1} = z^k - \frac{1}{\bar{n} + 1} B_k \bar{\eta}_k,$$

$$B_{k+1} = \left(1 + \frac{1}{16\bar{n}^2}\right) \frac{\bar{n}}{\sqrt{\bar{n}^2 - 1}} \left[B_k + \left(\sqrt{\frac{\bar{n} - 1}{\bar{n} + 1}} - 1 \right) B_k \bar{\eta}_k \bar{\eta}_k^T \right].$$

S5: Setze $k = k + 1$ und gehe zu S1.

Das PASCAL-Programm "ellip.pas" realisiert diesen Algorithmus.

Beispiel

Gesucht ist die Lösung der linearen Optimierungsaufgabe

$$z = -x_1 - x_2 = \min!$$

bei

$$x_1 \le 1,$$
$$x_2 \le 1;$$
$$x_1,\ x_2 \ge 0.$$

Die Zielfunktion z erreicht unter den angegebenen Nebenbedingungen im Punkt $x^* = (1, 1)^T$ den Wert -2.

Die Rechnung wurde nach 97 Iterationen abgebrochen, nachdem die aus dem Optimierungsverfahren resultierenden Ungleichungen um weniger als 10^{-2} verletzt waren. Die erreichte Näherung x^{97} besitzt die Gestalt

$$x^{97} = (1.0079,\ 1.0005)^T.$$

Weiterführende Bemerkungen

Der Algorithmus von KHACHIJAN hat seit seiner Publikation im Jahre 1979 eine große Anzahl von wissenschaftlichen Veröffentlichungen induziert. Das Hauptaugenmerk war dabei auf die Aussage gerichtet, daß der Algorithmus über der Operationsmenge (+, −, x, /, $\sqrt{\ }$) polynomial im Aufwand ist. Diese bedeutet, daß die maximale Anzahl der notwendigen Operationen zur Lösung der Aufgabe (1) durch ein Polynom in n und m nach oben abgeschätzt werden kann. Hierbei setzt man voraus, daß das Wurzelziehen im Rahmen der verwendeten Wortlänge im Rechner exakt und mit polynomialen Aufwand ausgeführt werden kann.

Die erwähnte Eigenschaft des Ellipsoid-Algorithmus läßt ihn gegenüber dem Simplexverfahren vorteilhaft erscheinen, weil das Simplexverfahren in seinem Aufwand exponential von m und n abhängt.

Das angeführte einfache Beispiel zeigt jedoch die inzwischen in zahlreichen anderen Testbeispielen bestätigte Tendenz: Aus den auf der Polynomialität im Aufwand hergeleiteten Komplexitätsvergleichen lassen sich nur schwer Aussagen über das Verhalten von Optimierungsverfahren bei der Behandlung einzelner Beispiele ableiten.

2.3.2. Das Projektionsverfahren

Grundlagen des Verfahrens

Das Projektionsverfahren von KARMARKAR [22], auch Karmarkar-Algorithmus genannt, dient der Lösung der linearen Optimierungsaufgabe

$$z = c^T x \ \text{min!} \tag{1}$$

bei $x \in \Omega \cap S$ mit

$$\Omega = \{x \in \mathbb{R}^n: Ax = 0\} \text{ und } S = \{x \in \mathbb{R}^n_+: e^T x = 1\}.$$

Im allgemeinen liegt jedoch eine Optimierungsaufgabe der Gestalt

$$z = c^T x = \text{min!}$$

bei

$$Ax = b, \quad \hat{x} \geq 0 \tag{2}$$

vor. Ist dafür ein zulässiger Punkt a mit $a_i > 0$, $i = 1, \ldots, n$, gegeben, so kann durch projektive Transformation

$$x_i = \frac{(\hat{x}_i / a_i)}{1 + \sum_{i=1}^{n} (\hat{x}_i / a_i)}, \quad i = 1, \ldots, n, \quad x_{n+1} = 1 - \sum_{i=1}^{n} x_i,$$

eine Aufgabe der Form (1) konstruiert werden (siehe Beispiel).

Zur Behandlung von (1) betrachten wir das Problem

$$c^T D x = \text{min!} \tag{3}$$

bei

$$\bar{\Omega} \cap S = \{x \in \mathbb{R}^n_+: ADx = 0, \quad e^T x = 1\}$$

mit einer Diagonalmatrix $D = \text{diag}(d)$, wobei $d_i > 0$ ist.

Zwischen der Aufgabe (1) und (3) gibt es die folgenden Beziehungen:

(i) Ist x^* Lösung von (1) mit $c^T x^* = 0$, so ist

$$x^{**} = \frac{D^{-1} x^*}{e^T D^{-1} x^*}$$

Lösung von (3) mit

$$c^T D x^{**} = 0.$$

(ii) Ist x^{**} Lösung von (3) mit $c^T D x^{**} = 0$, so ist

$$x^* = \frac{D x^{**}}{e^T D x^{**}} \tag{4}$$

Lösung von (1) mit $c^T x^* = 0$.

Man bestimmt nun in jeder Iteration zu fester Matrix D eine Näherungslösung der Aufgabe (3), konstruiert daraus unter Verwendung von (4) eine approximative Lösung von (1) und ändert die Matrix D ab.

Anstelle des Problems (3) wird, ausgehend von Zentrum a^0 der Menge $\bar{\Omega} \cap S$, die modifizierte Aufgabe

$$c^T D x = \min! \tag{5}$$

bei

$$ADx = 0, \quad e^T x = 1, \quad \|x - a^0\| \le \alpha$$

$$(\alpha \in (0, 1/4], \; r = 1/\sqrt{n(n-1)})$$

gelöst. Ist $a \in \Omega \cap S$ mit $a_i > 0$, $i = 1, \dots, n$, bekannt und wird $D = \mathrm{diag}(a)$ verwendet, dann beschreibt $a^0 = (1/n, \dots, 1/n)^T$ gerade das Zentrum des zulässigen Bereichs von (3), denn wegen $a \in \Omega$ ist $Aa = 0$ und damit auch $ADa^0 = A \frac{1}{n} a = 0$, also $a^0 \in \bar{\Omega}$ und wegen $e^T a^0 = 1$ auch $a^0 \in S$.

Die Lösung der Aufgabe (5) kann durch die Auswertung der Kuhn-Tucker-Bedingungen explizit angegeben werden. Mit

$$p = (I_n - B^T(BB^T)^{-1}B)Dc$$

lautet sie

$$q = a^0 - \alpha r p / \|p\|.$$

Durch die Wahl von r und x ist die zu (3) gehörige Vorzeichenbedingung erfüllt. Hat man q ermittelt, so ergibt sich aus der Transformationsvorschrift (4) eine Näherung x der Lösung von (1).

Zur besseren Approximation der Lösung von (1) leitet man aus der beschriebenen Berechnungsvorschrift für x ein Iterationsverfahren her. Ausgehend von $x^0 = a^0$ wird dabei die Näherung x^{k+1} dadurch ermittelt, daß man in der Aufgabe (5) die Matrix D durch die Matrix $D_k = \mathrm{diag}\,(x^k)$ ersetzt und das damit entstehende Optimierungsproblem löst.

(i) Wird die Folge $\{x^k\}$ durch die beschriebene Vorgehensweise erzeugt, so gilt:
Entweder es ist $c^T x^{k+1} = 0$ für ein $k < \infty$, oder es gilt

$$f(x^{k+1}) \le f(x^k) - \delta, \quad k = 0, 1, 2, \dots,$$

$$f(x) = \sum_{i=1}^{n} \frac{n}{x_j} c^T x,$$

$$\delta = \delta(n) \geq \alpha - \frac{\alpha^2}{2} = \frac{\alpha^2 n}{(n-1)\left(1 - \alpha\sqrt{\frac{n}{n-1}}\right)}$$

gesetzt wurde.

(ii) In $O(n(q + \log n))$ Schritten findet man einen Punkt x mit

$$c^T x^k = 0$$

oder

$$c^T x^k / c^T a^0 \leq 2^{-q}.$$

Aufbau des Algorithmus

S0: Wähle den Startpunkt $x^0 = a^0 = (1/n, \ldots, 1/n)^T$ und $q > 0$, $\alpha \in (0, 1/4]$. Setze

$$r = 1 / \sqrt{n(n-1)} \quad \text{und} \quad k = 0.$$

S1: Setze

$$D_k = \operatorname{diag}(x^k) \quad \text{und} \quad B_k = \begin{bmatrix} AD_k \\ e^T \end{bmatrix}$$

S2: Berechne $\quad p^k = (I_n - B_k(B_k B_k^T)^{-1} B_k) D_k C,$

$$q^k = a^0 - \frac{\alpha r}{\|p^k\|} p^k.$$

S3: Berechne $\quad x^{k+1} = (e^T D_k q^k)^{-1} D_k q^k.$

S4: Ist $\quad c^T x^{k+1} / c^T a^0 \leq 2^{-q},$

so ist $x^* = x^{k+1}$ Lösung. Stop.

S5: Setze $k = k + 1$ und gehe zu S1.

Beispiel

Gegeben ist die lineare Optimierungsaufgabe

$$\hat{z} = -\hat{x}_1 + \hat{x}_2 = \min!$$

bei

$$2\hat{x}_1 - \hat{x}_2 \leq 1,$$

$$\hat{x}_1 \leq 1, \ \hat{x}_2 \leq 5,$$

$$\hat{x}_1, \hat{x}_2 \geq 0$$

und der innere Punkt $a = \begin{bmatrix} 2 \\ 4 \end{bmatrix}$

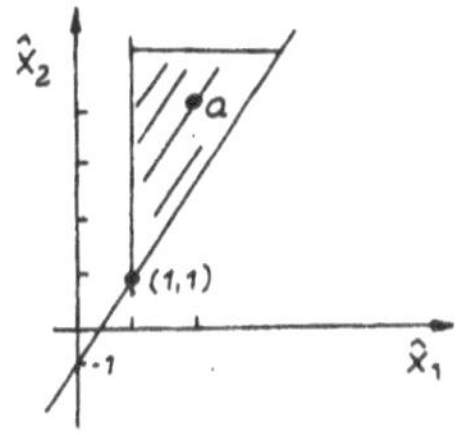

Abb. 6: ZULÄSSIGER BEREICH IM OBIGEN BEISPIEL

Durch Hinzufügen von Schlupfvariablen ergibt sich

$$\hat{z} = -\hat{x}_1 + \hat{x}_2 = \min !$$

bei

$$\begin{aligned} 2\hat{x}_1 - \hat{x}_2 + \hat{x}_3 \qquad &= 1, \\ \hat{x}_1 \qquad - \hat{x}_4 \qquad &= 1, \\ \hat{x}_2 \qquad + \hat{x}_5 &= 5, \\ \hat{x}_1, \hat{x}_2, \hat{x}_3, \hat{x}_4, \hat{x}_5 &\ge 0. \end{aligned}$$

Die Transformation

$$\hat{x}_1 = \frac{2x_1}{x_6}, \quad \hat{x}_2 = \frac{4x_2}{x_6}, \quad \hat{x}_3 = \frac{x_3}{x_6}, \quad \hat{x}_4 = \frac{x_4}{x_6}, \quad \hat{x}_5 = \frac{x_5}{x_6}$$

liefert ein Problem der Form (1):

$$z = -2x_1 + 4x_2 = \min !$$

bei

$$\begin{aligned} 4x_1 - 4x_2 + x_3 \qquad - x_6 &= 0, \\ 2x_1 \qquad - 4x_4 \qquad - x_6 &= 0, \\ 4x_2 \qquad + x_5 - 5x_6 &= 0, \\ \sum_{i=1}^{6} x_i = 1, \qquad x_i &\ge 0. \end{aligned}$$

Nach 33 Iterationsschritten ergab sich als Näherungslösung

$\hat{x} = (1.0009,\ 1.0007,\ 4.17\cdot 10^{-4},\ 4.17\cdot 10^{-4},\ 3.99825,\ 4.09\cdot 10^{-5})^T$,

$\hat{z} = 4.09\cdot 10^{-5}$.

Weiterführende Bemerkungen

Der von KARMARKAR 1984 veröffentlichte Algorithmus [22] hat zu intentiven Diskussionen unter den Optimierern geführt. Wie beim

KHACHIJAN-Algorithmus steht der polynomiale Aufwand zu seiner Lösung, diesmal allerdings über der Menge der Operationen (+, -, *, /), im Mittelpunkt der Aufmerksamkeit. Die praktische Realisierung des KARMARKAR-Algorithmus läßt eine Reihe von Fragen offen. Dies betrifft insbesondere die Lösung der Teilprobleme und die Wahl des Parameters α. Das von KARMARKAR vorgeschlagene Intervall $\alpha \in (0, 1)$ scheint, wie numerische Experimente zeigen, unzweckmäßig zu sein.

Der schwerwiegendste Einwand wird gegen die Forderung $c^T x^* = 0$ erhoben. KARMARKAR schlägt die Schätzung $\hat{c}_m$ des optimalen Zielfunktionswertes c_m und die anschließende Homogenisierung des Problems gemäß $\hat{z} = \hat{c}^T x - \hat{c}_m = \sum_{i=1}^{n} (\hat{c}_i - \hat{c}_m) x_i$ vor. Mit $\bar{c}_i = \hat{c}_i - \hat{c}_m$ ergibt sich für $\bar{z}$ die Gestalt $z = \sum c_i x_i$. Dies führt aber zu Schwierigkeiten beim Nachweis der Konvergenz. Außerdem ist es notwendig, für jede der iterativ verbesserten Näherungen für c_m das Lösungsverfahren durchzuführen.

3. Quadratische Optimierung

Für den Fall eines Optimierungsproblems mit quadratischer Zielfunktion und linearen Nebenbedingungen existiert eine ganze Reihe von Verfahren und Programmen. Wir stellen hier das Relaxationsverfahren und ein Verfahren, basierend auf der Idee der aktiven Nebenbedingungen, vor.

Die Verfahren der quadratischen Optimierung sind auch als Softwarebausteine für Probleme mit allgemein nichtlinearen Zielfunktionen und Nebenbedingungen zu verstehen.

3.1. Das Relaxationsverfahren

Grundlagen des Verfahrens

Zur Lösung der quadratischen Optimierungsaufgabe

$$z = x^{T}Cx + p^{T}x + d = \min! \qquad (1)$$

bei

$$Ax - b \leq 0$$

läßt sich das Relaxationsverfahren von GAUSS-SEIDEL zur Lösung linearer Gleichungssysteme in modifizierter Form anwenden. Diese von HILDRETH und D'ESOPO beschriebene Vorgehensweise geht von der zu (1) dualen Aufgabe aus. Zu deren Konstruktion betrachtet man die zum Problem (1) gehörende LAGRANGE-Funktion

$$L(x,u) = x^{T}Cx + p^{T}x + d + u^{T}(Ax - b). \qquad (2)$$

Aus der notwendigen Bedingung für die Existenz des Minimums

$$L_{x} = 2Cx + p + A^{T}u = 0$$

folgt mit

$$a = -\frac{1}{2}C^{-1}p$$

$$x = -\frac{1}{2}C^{-1}(p + A^{T}u) = a - \frac{1}{2}C^{-1}A^{T}u. \qquad (3)$$

Setzt man (3) in (2) ein, so ergibt sich mit

$$h = -\frac{1}{2}AC^{-1}p - b = Aa - b \qquad (4)$$

und

$$G = -\frac{1}{4}AC^{-1}A^{T} \qquad (5)$$

das duale Problem

$$\phi(u) = -h^T u - u^T u + \frac{1}{4} p^T C^{-1} p + d = \min!, \tag{6}$$

wobei $u \geq 0$.

Es gilt nun folgende Aussage: *x^* löst (1) genau dann, wenn x^* gemäß (3) mit $u = u^*$ gewählt wird, wobei u^* eine Lösung von (6) darstellt.* Damit genügt es, eine Lösung u^* des dualen Problems zu bestimmen, um mittels (3) auch die Lösung des primalen Problems zu erhalten.

Aufbau des Algorithmus.........

S0: Wähle $u^0 \in \mathbb{R}^m_+$ und $\varepsilon > 0$. Setze $k = 0$.

S1: Bestimme für $i = 1, \ldots, m$ w_i^k und u_i^{k+1} durch die Vorschrift

$$w_i^k = -\frac{1}{g_{ii}} \left[\sum_{j=1}^{i-1} g_{ij} u_j^{k+1} + \sum_{j=i+1}^{m} g_{ij} u_j^k + \frac{h_i}{2} \right],$$

$$u_i^{k+1} = \max \left\{ 0, w_i^k \right\}.$$

S2: Falls $\| u^k - u^{k+1} \| \leq \varepsilon$, gehe zu S4.

S3: Setze $k = k + 1$, gehe zu S1.

S4: Berechne $x^{k+1} = -\frac{1}{2} C^{-1} (p + A^T u^{k+1})$. $x^* = x^{k+1}$ ist Lösung. Stop.

Das PASCAL-Programm "relax.pas" realisiert diesen Algorithmus für Diagonalmatrizen C.

Beispiel

Gesucht ist die Lösung der quadratischen Optimierungsaufgabe

$$z = 2x_1^2 + x_2^2 - 48x_i - 40x_2 = \min !$$

bei

$$\begin{aligned} x_1 + x_2 &\leq 8, \\ x_1 &\leq 6, \\ x_1 + 3x_2 &\leq 18, \\ -x_1 &\leq 0, \\ -x_2 &\leq 0. \end{aligned}$$

Der KUHN-TUCKER-Punkt ist : $z^* = (x^*, u^*)^T = (4, 4, 32, 0, 0, 0, 0)^T$

Als Startnäherung wurde : $u^0 = (4, 0, 0, 0, 0, 0, 0)^T$ gewählt.

Nach 2 Iterationen wurde die vorgegebene Genauigkeit $\varepsilon = 10^{-5}$ erreicht, d.h., es war

$\|u^2 - u^1\| \leq 10^{-5}$.

In diesem Fall wurde die exakte Lösung erreicht, und der optimale Zielfunktionswert beträgt $f(x) = -304$.

Weiterführende Bemerkungen

Die Relaxationsmethode von HILDRETH und d'ESOPO stellt eine Modifikation des Verfahrens von GAUSS-SEIDEL dar. Hauptproblem stellt die Dualisierung der Aufgabe (1) in die Aufgabe (6) dar.

Da hierbei die Inversion einer Matrix notwendig ist, sind insbesondere Aufgaben mit Diagonalmatrix C für die Behandlung mit dem Verfahren von HILDRETH und d'ESOPO geeignet. In praktischen Experimenten hat es sich als zweckmäßig erwiesen, $u^0 = (0, \ldots, 0)^T$ zu wählen, da gewisse Komponenten von u^* im allgemeinen den Wert Null besitzen.

3.2 Das Verfahren der aktiven Restriktionen

Das Verfahren der aktiven Restriktionen von GOLDFARB und IDNANI dient der Lösung der quadratischen Optimierungsaufgaben

$$f(x) = \frac{1}{2} xTCx + p^T x = \min!$$

bei

$$Ax - b \leq 0 \qquad (1)$$

mit positiv definiter Matrix C. Es beruht auf einer Aktive-Restriktionen-Strategie. Diese ist dadurchgekennzeichnet, daß man versucht, die Menge der im Lösungspunkt x^* von (1) aktiven Restriktionen $I^* = \{i : g_i(x^*) = A_i x - b_i = 0\}$ durch die Indexmenge I_k zu approximieren. Die so entstehende gleichungsrestringierte Optimierungsaufgabe (P_k):

$$P_k: \quad f(x) = \frac{1}{2} x^T Cx + p^T x = \min!$$

bei

$$g_i(x) = A_i^T x - b_i = 0 \quad (i \in I_k) \qquad (2)$$

wird gelöst.

Dabei beginnt man mit $I_0 = \emptyset$ Danach wird versucht, die Indexmenge I_k derart zu modifizieren, daß der minimale Zielfunktionswert für P_{k+1} gegenüber demjenigen von P_k wächst. Falls sich dabei nicht aus der Unlösbarkeit von (2) die Unlösbarkeit von (1) ergibt, endet diese Vorgehensweise nach endlich vielen Schritten mit einer Lösung der Aufgabe (1).

Der sich daraus ergebene Algorithmus sei an den Berechnungsvorschriften für die Iteration x^0 und x^1, der dualen Variablen u^1 und der Indexmenge I_1 erklärt. Hierbei greifen wir auf Überlegungen von GOLDFARB/IDNANI und POWELL zurück. Da $I_0 = \emptyset$ gesetzt wird, ergibt sich x^1 als Lösung des linearen Gleichungssystems

$$Cx + \nabla f(0) = 0 \tag{3}$$

Setzt man voraus, daß C positiv definit ist, läßt sich hierfür eine CHOLESKY-Zerlegung von C verwenden: $C = L \cdot L^T$. Mit $z_0 = (L^T)^{-1}$ ergibt sich

$$x^0 = -z_0 z_0 \nabla f(0). \tag{4}$$

Anschließend wird überprüft, welche Restriktion in x^0 am stärksten verletzt ist. Man berechnet

$$\delta_0 = \max \left[\frac{g_i(x^0)}{\|a_i\|}\right] = \frac{g_{i_0}(x^0)}{\|a_{i_0}\|} \tag{5}$$

Für $\delta_0 \leq 0$ ist x^0 Lösung von (1).

Im anderen Fall x^1 und die zugehörige duale Variable u^1 könnte nun aus dem Gleichungssystem

$$\begin{aligned} Cx = A_{i_0} u &= -p \\ A_{i_0}^T x \quad &= b_{i_0} \end{aligned} \tag{6}$$

berechnet werden.

Günstiger erweist sich die Bestimmung von x^1 mit Hilfe einer von x^0 ausgehenden Fortschreitungsrichtung

$$x^1 = x^0 + \alpha_1 d^1 \tag{7}$$

Zur Ermittlung von d^1 gehen wir davon aus, daß die Zerlegung $C^{-1} = Z_0 Z_0^T$ nicht eindeutig ist. Mit einer orthonormalen Matrix M gilt wegen $M\,T = M^{-1}$

$$C^{-1} = Z_1 M M^T Z_1^T = Z_1^1 Z_1^{1\,T} \tag{8}$$

Ist mit der Matrix M eine Folge von Givens-Rotationen verbunden, so läßt sich erreichen, daß

$$\hat{Z}_1^T A_1 = \hat{Z}_1^T A_{i_0} = \begin{bmatrix} * \\ \vdots \\ 0 \end{bmatrix} \tag{9}$$

Die Auflösung der ersten Gleichung in (6) nach x liefert

$$x^1 = -C^{-1}\ p - C^{-1}Au_{i_o} = x^0 - \hat{Z}_1\hat{Z}_1^T A_{i_o} u_{i_o} \tag{10}$$

Aus den Beziehungen (9) und (10) ergibt sich, daß die Fortschreitungsrichtung d^1 aus der ersten Spalte von $\hat{Z}_1$ resultiert. Die Schrittweite α_1 ist dadurch bestimmt, daß

$$a_{i_o}^T (x^0 + \alpha_1 d^1) - b_{i_o} = 0 \tag{11}$$

gelten muß. Aus (11) folgt

$$\alpha_1 = \frac{b_{i_o} - a_{i_o}^T x^0}{a_{i_o}^T d^1}$$

Für die Beschreibung des k-ten Iterationsschrittes werden zusätzlich zu den in (1) auftretenden Matrizen C und A Matrizen Z_k und R_k eingeführt, welche folgende Eigenschaften besitzen:

1. Die $n \times n$-Matrix Z_k genügen den Bedingungen

a) $Z_k Z_k^T = C^{-1}$,

b) $Z_k\ T\ A_k$ ist eine obere Dreiecksmatrix, wobei die Spalten von A_k die Gradienten der aktiven Restriktionen g_i $(i \in I_k)$ sind.

2. Die Matrix R_k ist eine quadratische obere Dreiecksmatrix, deren Zeilen die ersten $c_k = |I_k|$ Zeilen von $Z_k^T A_k$ sind.

Weiterhin führen wir die Bezeichnung

$$Z_k = \Big[\ \underbrace{Z_k^{I}}_{|I_k|}\ \vdots\ \underbrace{Z_k^{II}}_{n - |I_k|}\ \Big]$$

ein.

Ist im k-ten Schritt der Iteration die Restriktion mit dem Index i_x am meisten verletzt, so kann mit Hilfe einer geeignet gewählten Matrix M die Matrix Z_k so in die Matrix $\hat{Z}_k^T$ (A_k/a_{i_k}) Rechtsdreiecksmatrix ist.

Die c_k + -te Spalte von $\hat{Z}_k$ ist wie im ersten Schritt die Fortschreitungsrichtung d^k.

Mit dem Vektor

$$\mu^k = R_k^{-1} \left(\hat{Z}_k\ I\right)^T A_{i_k}$$

und dem Parameter

$$\alpha_k = \left(b_{i_k} - a_{i_k}^T x^k\right) / \left(\left(d^k\right)^T a_{i_k}\right)$$

ergibt sich aus den notwendigen Optimalitätsbedingungen

$$\nabla f(x^{k+1}) = \nabla f(x^k + \alpha_k d^k)$$

$$= A_k (u^k - \alpha_k / ((d^k)^T a_{i_k}) + (\alpha_k / ((d^k)^T a_{i_k}) a_{i_k} .$$

Hierbei erhält man

$$\mu^k = u^{k+1} - u^k$$

aus den Bedingungen

$$C d^k + A_k u^k + a_{i_k} u_{i_k} = 0$$

sowie $\quad a_i^T d^k \quad = 0 \quad (i \in I_k \cup \{i_k\})$

Wie im ersten Iterationsschritt gilt allgemein

$$\alpha_k / ((d^k)^T a_{i_k}) > 0.$$

Ist zusätzlich

$$u_{i \in I_k} - \alpha_k / ((d^k)^T a_{i_k}) \mu_{i \in I_k} \geq 0,$$

so ergibt sich

$$x^{k+1} = x^k + \alpha_k d^k,$$

$$u_i^{k+1} = \begin{cases} u_i^k - \alpha_k / ((d^k)^T a_{i_k}) \mu^k, & i \neq i_k \\ \alpha_k / ((d^k)^T a_i), & i \neq i_k . \end{cases}$$

In dem Fall, daß durch x^{+1} nicht alle Restriktionen erfüllt sind, kann für nichtnegatives u^{k+1} die Iteration nach Überschreibung

$$I_{k+1} = I_k \cup \{i_k\},$$

$$A_{k+1} = (A_k \vdots a_{i_k}),$$

$$Z_{k+1} = \hat{Z}_k^T,$$

und $\quad R_{k+1} = (R_k \vdots \hat{Z}_k^T a_{i_k})$

fortgesetzt werden.

Gilt hingegen für ein j_k

$$u_{j_k} - \alpha_k / ((d^k)^T a_{i_k}) \mu_{j_k} < 0,$$

so ist ersichtlicherweise die Verwendung der soeben ermittelten Näherung x^{k+1} und a^{k+1} für (x^*, u^*) nicht sinnvoll.

Die für die KUHN-TUCKER-Bedingungen wesentliche Gleichung

$$\nabla f\left(x^k + \alpha d^k\right) = A_k u^k + \left\{\alpha/\left(\left(d^k\right)^T a_{i_k}\right)\right\}\left[a_{i_k} - A_k \mu^k\right]$$

gilt für alle α. Man kann nun α so klein wählen, daß die Komponenten von

$$u^{k+1} = u^k - \left[\alpha/\left(\left(d^k\right)^T a_{i_k}\right]\mu^k$$

nichtnegativ sind und für den Vektor $x = x^k + \alpha d^k$ die Nebenbedingungen $a_i^T x - b_i = 0$ $(i \in I_k \cup \{i_k\})$ erfüllt sind. Ist α_k das betragsmäßig größte α mit diesen Eigenschaften und gilt α_k $\hat{\alpha}_k > 0$, so werden

$$x^{k+1} = x^k + \hat{\alpha}_k\, d^k,$$

$$u_i^{k+1} = \begin{cases} u_i^k - \left[\hat{\alpha}_k/\left(\left(d^k\right)^T a_{i_k}\right]\mu^k, & i \neq i_k, \\ \hat{\alpha}_k/\left(\left(d^k\right)^T a_{i_k}\right) \end{cases}$$

als Nachfolger akzeptiert.

Für die Rechnung ist wesentlich, daß es meistens einen Index j_k mit $u_{j_k}^{k+1} = 0$ gilt. Dieser wird an das Ende der Menge I_k gesetzt. Anschließend sortiert man A_k um, transformiert $Z_k^T A_k$ wieder in eine Dreiecksmatrix und setzt

$$I_{k+1} = I_k \setminus \{j_k\}.$$

Die mit der rechentechnischen Realisierung verbundenen Details - insbesondere die Behandlung der Abhängigkeit aktiver Restriktionen, lassen sich hier nicht darstellen. Dafür sei auf [J verwiesen. Insgesamt ergibt sich folgender

Aufbau des Algorithmus

S0: Bestimme Cholesky-Zerlegung $C = L \cdot L^T$ von C,

setze $Z_0 = (L^T)^{-1}$,

berechne $x^0 = -Z_0 Z_0^T \nabla f(0)$,

setze $I_0 = \emptyset$ und $k = 0$

k-ter Schritt der Iteration ($k \geq 0$):

S1: Bestimme die am stärksten verletzte Restriktion g_{i_k} gemäß

$$\delta_k = \frac{g_{i_k}}{\|a_{i_k}\|} = \max \frac{g_i}{\|a_i\|}$$

Falls $\sigma_k \leq 0$ ⟹ Ende.

S2: Zerlege $Z_k = (Z_k^{I} : Z_k^{II})$ gemäß (13)

und berechne

$$\mu^k = R_k^{-1} Z_k^{I\,T} a_{i_k}$$

S3: Falls $a_{i_k} = A_k \mu^k$, gehe zu S10.

Transformiere durch Givens-Rotation Z_k so in $\hat{Z}_k$, daß $\hat{Z}_k^T (A_k : a_{i_k})$ obere Dreiecksmatrix ist.

S4: Wähle d^k als erste Spalte von $\hat{Z}_k^{II}$.

S5: Berechne mit

$$q_k = (d^k)^T a_{i_k}$$

die Schrittweite α_k:

$$\alpha_k = -g_{i_k} / q_k .$$

S6: Bestimme $I_k = \left\{ j : \left[u_j^k - \frac{\alpha_k}{q_k} \mu_j^k \right] < 0 \right\}$.

S7: Ist $J_k \neq \emptyset$, so gehe zu S10.

S8: Setze $x^{k+1} = x^k + \alpha_k d^k$,

$$I_{k+1} = I_k \cup \{i_k\},$$

$$u^{k+1} = u^k - (\alpha_k / q_k) \mu^k ,$$

$$A_{k+1} = (A_k : a_{i_k}),$$

$$Z_{k+1} = \hat{Z}_k$$

und bestimme R_{k+1} gemäß

$$\hat{Z}_{k+1}{}^T A_{k+1} = \left[\frac{R_{k+1}}{0} \right].$$

Setze $C_{k+1} = C_k + 1$.

S9: Setze $K = K + 1$ und gehe zu S1.

S10: Bestimme $\hat{\alpha}_k$ so, daß

$$\frac{\hat{\alpha}\ k}{q} = \frac{u_{i_k}}{\mu_{i_k}} = \min_{j \in J_k} \frac{u_i}{\mu_i}$$

S11: Setze $x^{k+1} = x^k + \hat{x}_k d^k$

$$u^{k+1} = \begin{cases} u^k - (\hat{\alpha}_k/q_k)\mu^k & i \neq i_k \\ (\hat{\alpha}_k/q_k) & i \neq i_k \end{cases}$$

$$I_{k+1} = I_{k+1} \setminus \{j_k\}$$

$$c_{k+1} = c_{k+1} - 1$$

Streiche a_{j_k} aus A_{k+1} und führe die Givens-Transformationen aus

S12: Setze $k = k + 1$ und gehe zu S1.

Das PASCAL-Programm "go1.pas" realisiert diesen Algorithmus.

Weiterführende Bemerkungen

Aktive-Restriktionen-Strategien, wie sie dem Goldfarb-Idnani-Verfahren zugrunde liegen, haben in den letzten Jahren für linear restringierte Probleme sehr starke Beachtung gefunden. Dabei wurde immer wieder an den dargestellten quadratischen Fall angeknüpft. Damit zusammenhängende Probleme findet man in übersichtlicher Form bei Fletcher [9] sowie bei Gill/Murray [10].

Für den quadratischen Fall wird im erstgenannten Buch insbesondere auf die Behandlung von Problemen mit positiv semidefiniter Matrix C und auf das Vorliegen von Schrankennebenbedingungen eingegangen.

4. Unbeschränkte nichtlineare Optimierung

Die Situation auf dem Gebiet der nichtlinearen Optimierung hat sowohl von der theoretischen Durchdringung als auch von der Entwicklung universell anwendbarer Software nicht den Stand erreicht, wie er für die lineare Optimierung dargestellt werden konnte. Optimierungsverfahren und entsprechende Software werden meist an wissenschaftlichen Institutionen entwickelt und sind für spezielle Probleme entworfen. Eine umfassende Übersicht zu Verfahren der nichtlinearen Optimierung unter besonderer Berücksichtigung von Implementierungsproblemen ist in [10] gegeben. Wir stellen hier die Verfahren für unbeschränkte Probleme in zwei Klassen unterteilt dar. Im Abschnitt 4.2 werden Verfahren vorgestellt, die neben den Werten der Zielfunktion auch Informationen über erste und zweite Ableitung verwenden.

Alle im Kapitel 4 behandelten Verfahren sind nicht nur für die Lösung unbeschränkter Probleme zu verstehen, sondern auch als theoretische Basis und Softwaremodule für Verfahren zur Lösung beschränkter Probleme

4.1 Verfahren der direkten Suche

Verfahren dieser Klasse sind besonders geeignet für praktische Optimierungsprobleme, für die keine Stetigkeits- oder Differenzierbarkeitsannahmen getroffen werden können, und/oder für Probleme, bei denen die Berechnung von Ableitungen analytisch oder numerisch schwer oder nicht durchführbar ist.

Sollten jedoch Gradienten analytisch zur Verfügung stehen oder mit vertretbarem numerischen Aufwand näherungsweise berechenbar sein, so sind die Verfahren des Abschnitts 4.2 vorzuziehen.

4.1.1 Die stochastische Suche

Grundlagen des Verfahrens

Es wird von der Aufgabe ausgegangen, daß das Minimum der Funktion $f(x)$ von n Veränderlichen gesucht ist:

$$f(x) = \min ! \qquad x \in \mathbb{R}^n$$

Zur Lösung dieser Aufgabe sei ein Verfahren der großen Klasse der Zufallssuchverfahren vorgestellt. Die Grundidee dieser Verfahren besteht darin, daß nur die Werte der Zielfunktion für zufällig ausgewählte Punkte im $\mathbb{R}^n$ miteinander verglichen werden, um das Minimum zu lokalisieren. Die einzelnen Verfahren unterscheiden sich dann darin, wie diese zufällige Wahl erfolgt.
Bei diesen Verfahren erfolgt die Bestimmung der zufälligen Punkte, indem von einem beliebigen Startpunkt ausgegangen wird, dessen Zielfunktionswert schon berechnet worden ist, ein Schritt mit einer vorgegebenen Schrittweite in eine zufällig gewählte Richtung ausgeführt und der Zielfunktionswert mit Hilfe der neu berechneten Iterierten bestimmt wird. Ist der neu berechnete Zielfunktionswert besser als der des Ausgangspunktes, so wird der Schritt als erfolgreich bezeichnet, und der neu gewonnene Punkt wird zum Ausgangspunkt für die weitere Suche, die dann wieder in einem neuen Schritt in eine zufällig gewählte Richtung fortgesetzt wird. War der Schritt nicht erfolgreich, so wird der Punkt verworfen, eine andere zufällige Richtung berechnet und damit ein neuer Punkt bestimmt. Dieses Vorgehen wird so lange fortgesetzt, bis I Probeschritte von einem Punkt aus nicht erfolgreich sind. Meist wird I der Dimension n des zu lösenden Problems gleichgesetzt oder größer gewählt.

Aufbau des Algorithmus

S0: Vorgabe eines Startpunktes x^0, der Schrittweite h und der maximalen Zahl von Probeschritten I (Anzahl der Zielfunktionsberechnungen).

Ermittle $f(x^0)$ und setze $k=0$ sowie $x_b=x^0$.

S1: Berechne einen Vektor ξ, dessen Komponenten im Intervall $[-1,1]$ gleichverteilte Zufallszahlen sind. Setze

$x^k = x_b + h\xi$

S2: Berechne $f(x^k)$. Ist $f(x^k) < f(x_b)$, setze $x_b = x^k$.

S3: Setze $k=k+1$. Wenn $k>I$, dann ist x_b die Lösung. Sonst gehe zu S1.

Das PASCAL-Programm "stos.pas" realisiert diesen Algorithmus.

Beispiel

Es ist die folgende Funktion zu minimieren:

$$f(x) = x_1^4 - 2x_1^3 + x_2^2 + x_1^2 x_2^2 - 4x_1 x_2 + 3,$$

Mit dem Startpunkt $x^0 = (3,4)^T$, der Schrittweite $h=1.0$ und der maximalen Anzahl von Probeschritten $I=200$ erhält man nach 14 Schritten die Lösung

$$x_b = \begin{pmatrix} 1.581604 \\ 0.9448384 \end{pmatrix}.$$

Der Funktionswert beträgt $f(x_b) = -1.50692521$.

Weiterführende Bemerkungen

Zu dem beschriebenen Algorithmus gibt es nun noch eine Vielzahl von Modifikationen und Erweiterungen zur Verbesserung des Verfahrens . Das soll an zwei Beispielen verdeutlicht werden. Die Einführung einer variablen Schrittweite h_k ist eine Möglichkeit zur Beschleunigung des Verfahrens. Zum Beginn der Optimierung, also wenn sich der Ausgangspunkt mit hoher Wahrscheinlichkeit in größerer Entfernung vom Optimum befindet, wird die Schrittweite h_k verringert, z.B. halbiert. Danach wird die Suche mit der verringerten Schrittweite fortgesetzt. Der Abbruch erfolgt bei diesem Vorgehen, wenn eine vorgegebene, minimale Schrittweite unterschritten worden ist.

Eine zweite Modifikation besteht darin, daß nach einem nicht erfolgreichen Schritt nicht sofort eine neue zufällige Richtung bestimmt wird, sondern, daß ein Schritt in die entgegengesetzte Richtung vollzogen wird., d.h.

$$x^k = x_b - h\xi .$$

Sollte der Schritt in die entgegengesetzte Richtung nicht erfolgreich sein, so wird ein neuer Zufallsvektor berechnet und der neue Probepunkt wieder nach der Gleichung

$$x^k = x_b + h\xi$$

berechnet.

Beide Modifikationen lassen sich auch kombinieren. Stochastische Suchverfahren werden ob ihrer Einfachheit und Robustheit bei ingenieurtechnischen Optimierungsproblemen häufig verwendet, besonders auch in der Version für beschränkte Probleme (s. 5.1.1).

4.1.2 Das Verfahren der koordinatenweisen Suche

Grundlagen des Verfahrens

Das Verfahren der koordinatenweisen Suche (HOOKE-JEEVES [19]) stellt eine Verbesserung einer einfachen koordinatenweisen Suche (GAUSS-SEIDEL) dar. Diese Verbesserung besteht darin, daß sich zwei Suchetappen abwechseln. In der ersten Etappe, der sogenannten "Suchbewegung" (exploratory move), wird ähnlich wie bei der koordinatenweisen Suche die Umgebung des Suchpunktes in allen Koordinatenrichtungen mit fester Schrittweite abgesucht. In der zweiten Etappe der "Vorstoßbewegung" (pattern move) wird ein Schritt in der bisher erfolgreichsten Richtung der ersten Etappe getan. Die Effektivität dieses Verfahrens nimmt ab, wenn gemischte Glieder der Optimierungsvariablen in der Zielfunktion auftreten. Das HOOKE-JEVES-Verfahren besteht aus folgenden Operationen. Es sind ein Startpunkt x^0 und Anfangsschrittweiten Δx für alle Koordinatenrichtungen vorzugeben sowie die Zielfunktion im Startpunkt zu berechen. In der ersten Etappe der "Suchbewegung" wir dann jede Variable um die Schrittweite verändert. So ergibt sich z.B. der neue Suchpunkt in der ersten Koordinatenrichtung zu $x_1^1 = x_j^2 + \Delta x_1^0$. Sollte der Wert der Zielfunktion im Punkt x_1^1 keine Verbesserung gegenüber dem Startpunkt erbringen, so wird in der Richtung $-\Delta x_1^0$ gesucht. Tritt auch dabei keine Verbesserung ein, wird der Punkt x_1^0 für den nächsten Schritt abgespeichert. Die gleiche Prozedur wird dann in allen Koordinatenrichtungen durchgeführt, und damit ist dann die "Suchbewegung" beendet.

Danach schließt sich eine "Vorstoßbewegung" an. Sie besteht

darin, daß in die Richtung fortgeschritten wird, die sich aus den erfolgreichen Schritten der vorhergehenden Etappen ergibt. Die "Vorstoßbewegungen" werden durchgeführt, solange sich die Zielfunktion verbessert. Nach jeder "Vorstoßbewegung" wird die Zielfunktion lokal mit der "Suchbewegung" untersucht. Treten keine Verbesserungen mehr ein, werden die Schrittweiten bis zur Erfüllung eines Abbruchkriteriums verkleinert.

Aufbau des Algorithmus

S0 : Vorgabe eines Startpunktes x^c, einer Anfangsschrittweite h, eines Faktors q zur Schrittweitenreduzierung ($0.1 < q < 0.95$) und der Abbruchschranke ε.
Setze $k=0$, $j=0$, $x_S=x^0$, $f_A=f(x^0)$.

S1 : Setze $j=j+1$. Ist $j>n$, gehe zu S4,
sonst setze $(x_S)_j=(x_S)_j+h$.

S2 : Ist $f(x_S) < f_A$, so setze $f_A=f(x_S)$ und gehe zu S1.
Sonst setze $(x_S)_j=(x_S)_j-2h$.

S3 : Ist $f(x_S) < f_A$, so setze $f_A=f(x_S)$ und gehe zu S1.
Sonst setze $(x_S)_j=(x_S)_j+h$.

S4 : Ist $f(x_S) = f(x^k)$, so setze $h=qh$, $j=0$, $x^{k+1}=x^k$.Stop wenn $h < \varepsilon$.
Sonst gehe zu S1.

S5 : Setze $x^{k+1}=x^k+2(x_S-x^k)$.
Wenn $f(x^{k+1}) < f(x_S)$, so setze $x_S=x^{k+1}$, $f_A=f(x^{k+1})$.
Sonst setze $x^{k+1}=x_S$, $f_A=f(x_S)$.
Setze $j=0$, $k=k+1$ und gehe zu S1.

Das PASCAL-Programm "kos.pas" realisiert diesen Algorithmus.

Beispiel

Es wird das gleiche Problem wie in Abschnitt 4.1.1 verwendet. Die folgende Zielfunktion ist zu minimier

$$f(x)=x_1^4-2x_1^3+x_2^2+x_1^2x_2^2-4x_1x_2+3.$$

Mit dem Startpunkt $x^0=(3,4)^T$, der Schrittweite $h_0=1$ und der Abbruchschranke $\varepsilon=10^{-2}$ und dem Faktor $q=0.1$ zur Schrittweitenreduzierung erhält man nach 83 Zielfunktionswertberechnungen die Lösung

$$x^{83}=\begin{bmatrix} 1.6 \\ 0.9 \end{bmatrix}.$$

Der Funktionswert beträgt $f(x^{83})=-1.5148$.

4.1.3. Das einfache Polytopverfahren

Grundlagen des Verfahrens

Dieses Verfahren gehört zu den ableitungsfreien Verfahren der deterministischen Suche, mit deren Hilfe folgende Probleme gelöst werden:

$$f(x) = \min ! \qquad x \in \mathbb{R}^n$$

Die Idee wurde erstmals von Nelder und Mead [34] vorgeschlagen. Es wird von einem konvexen Vieleck (Simplex) ausgegangen. Dieser Simplex besitze bei einem n-dimensionalen Raum genau $n+1$ Ecken. Die Zielfunktionswerte an den Eckpunkten seien bekannt. Zur sukzessiven Annäherung an das Optimum wird nun die Eigenschaft des Simplexes ausgenutzt,daß sich auf der Gegenseite eines Eckpunktes nur eine Fläche befindet, auf der ein neuer Simplex aufgebaut werden kann, dabei bleiben n Eckpunkte erhalten, und nur ein Eckpunkt unterscheidet den neuen vom vorangegangenen Simplex.

Der Aufbau eines neuen Simplex erfolgt nun wie folgt: Es wird der Eckpunkt herausgesucht, der den größten Zielfunktionswert besitzt. Dieser Punkt wird am Schwerpunkt seiner Gegenfläche reflektiert. Damit ist erst einmal ein neuer Simplexes entstanden. Nun wird der Zielfunktionswert in diesem Punkt berechnet. Ist dieser kleiner als der zweitgrößte Zielfunktionswert an den Eckpunkten der Gegenfläche, wird wieder von vorn begonnen. Ist dies nicht der Fall, erfolgt die Kontraktion, d.h., die Größe des Simplexes wird verringert, indem die Strecke zwischen dem neu ermittelten Punkt und dem Schwerpunkt verkürzt wird, wobei aber die Suchrichtungen erhalten bleiben, z.B. auf die Hälfte. An diesem Punkt werden nun wiederum der Zielfunktionswert berechnet und die oben genannten Bedingungen überprüft. Ist dieser Schritt wiederum nicht erfolreich, so wird der neu erhaltene Punkt wieder an dem Schwerpunkt der Gegenfläche gespiegelt. Wenn dieser Schritt ebenfalls nicht erfolgreich sein sollte, dann werden die Koordinaten aller Punkte mit koordinaten des Eckpunktes ermittelt, der den kleinsten Zielfunktionswert besitzt, so daß alle Kanten des Simplexes verringert wurden und so ein neuer Ausgangssimplex entstanden ist.

Wenn der Zielfunktionswert des Eckpunktes, der durch Reflexion um den Schwerpunkt entstanden ist, kleiner als der kleinste Zielfunktionswert der anderen Eckpunkte ist, so kann man vermuten, daß diese Richtung sehr erfolreich ist, und es erfolgt die Expansion, d.h, die Strecke zwischen dem Schwerpunkt und dem neuen Punkt wird vergrößert, wobei ebenfalls die Richtung beibehalten wird. Der Abbruch des Verfahrens erfolgt, wenn der Simplex hinreichend klein geworden ist. In Abb. 7 ist das entsprechende Vorgehen erläutert.

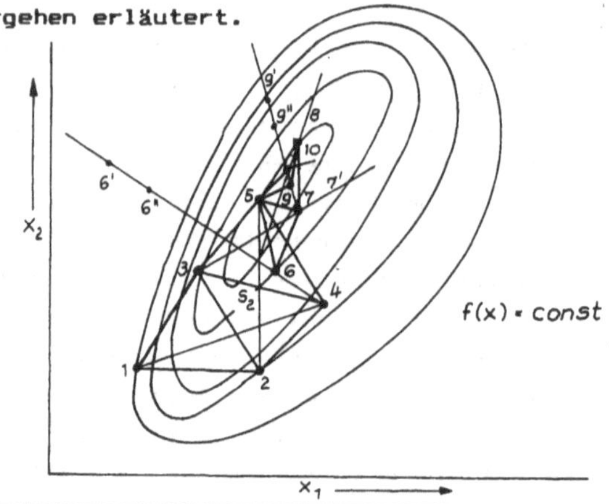

Abb. 7: POLYTOPVERFAHREN

Aufbau des Algorithmus

S0 : Vorgabe eines Startpunktes x^1, der Schrittweite h, der Abbruchschranke ε, des Reflexionskoeffizienten α, des Kontraktionskoeffizienten β und des Expansionskoeffizienten γ.

Setze $x^{j+1}=x^1+he_j$, $j=1,\ldots,n$.

S1 : Ordne die Punkte des Simplexes so, daß gilt:

$$f(x^1) \le f(x^2) \le \ldots \le f(x^n) \le f(x^{n+1})$$

S2 : Berechne den Schwerpunkt aller Punkte ohne den schlechtesten,

$$x_s = 1/n \sum_{j=1}^{n} x^j$$

S3 : Reflexion des Punktes mit dem schlechtesten Zielfunktionswert am Schwerpunkt: $x_r = x_s + \alpha(x_s - x^{n+1})$.

Ist $f(x_r) \le f(x^1)$, gehe zu S6.

Ist $f(x^1) < f(x_r) < f(x^{n+1})$, setze $x^{n+1} = x_r$ und gehe zu S7.

Ist $f(x_r) \ge f(x^{n+1})$, ermittle den inneren kontrahierten Punkt nach

$$x_c = x_s + \beta(x^{n+1} - x_s)$$

und gehe zu S4.

Sonst ermittle den äußeren kontrahierten Punkt:

$$x_c = x_s + \beta(x_r - x_s)$$

S4 : Ist $f(x_c) < f(x^{n-1})$, setze $x^{n+1} = x$ und gehe zu S7.

S5 : Der gesamte Simplex wird um den bisher besten Wert kontrahiert:

$$x^i = (x^1 + x^i) / 2, \qquad i = 2, 3, \ldots, n+1.$$

S6 : Im Expansionsschritt berechne $x_e = x_s + \gamma(x_r - x_s)$.

Ist $f(x_e) < f(x_r)$, setze $x^{n+1} = x_e$ und gehe zu S7.

Sonst setze $x^{n+1} = x_r$.

S7 : Ist $\frac{1}{n+1} \sum_{i=1}^{n+1} ((f(x^i) - \frac{1}{n+1} \sum_{i=1}^{n+1} (f(x^i))^2 < \varepsilon$,

dann ist x^1 die Lösung.

Stop.

Sonst gehe zu S1.

Das PASCAL-Programm "ePoly.pas" realisiert diesen Algorithmus.

Beispiel

Als Testbeispiel wurde wiederum die Aufgabe aus Abschnitt 4.1.1 gewählt. Es ist folgende Zielfunktion zu minimieren

$$f(x) = x_1^4 - 2x_1^3 + x_2^2 + x_1^2 x_2^2 - 4x_1 x_2 + 3.$$

Mit dem Startpunkt $x^1 = (3,4)^T$, der Schrittweite $h = 1.0$, den Koeffizienten $\alpha = 1$, $\beta = 0.5$, $\gamma = 2$ und der Abbruchschranke $\varepsilon = 10^{-8}$ erhält man nach 53 Zielfunktionswertberechnungen die Lösung

$$x^1 = \begin{pmatrix} 1.5884455584 \\ 0.9053435581 \end{pmatrix}.$$

Der Funktionswert beträgt $f(x^1) = -1.514078549$.

Weiterführende Bemerkungen

Die hier im Abschnitt 4.1 angeführten Verfahren der direkten Suche mit Vergleich der Zielfunktionswerte gelten als anwendbar für Probleme mit nichtstetigen und nichtdifferenzierbaren Zielfunktionen. Sie sind einfach zu implementieren und haben sich, zugeschnitten auf spezifische Anwendungen, bewährt. Ihr Nachteil ist, daß man in der Regel keine Aussagen über das Konvergenzverhalten machen kann. Auch sinkt die Effektivität bei steigender Dimension des Problems.

Um eine vergleichende Wertung zu ermöglichen, wurde als Testbeispiel für alle drei Verfahrern der direkten Suche das gleiche Minimierungsproblem gelöst. Es wurde in allen Fällen der gleiche Startpunkt verwendet. Ebenso wurde die Schrittweite überall gleich gewählt, obwohl deren Bedeutung unterschiedlich ist. Die Abbruchschranke ist für jedes Verfahren unterschiedlich und nicht direkt vergleichbar. So wird beim Zufallssuchverfahren der Abbruch über die maximale Anzahl von Probeschritten gesteuert, bei der koordinatenweisen Suche über die Größe der Schrittweite und beim Polytopverfahren über die Größe des Simplexes.

Für diese in ihrer numerischen Realisierung einfachen Optimierungsverfahren ist es berechtigt, die Anzahl der Zielfunktionswertberechnungen als Effektivitätsmaß zu verwenden. Das "blinde" Zufallssuchverfahren lokalisiert mit 200 Berechnungen das Minimum hinreichend. Es wird ein Funktionswert von $f(x) = -1.49...$ erreicht. Selbstverständlich fallen Verbesserungsmöglichkeiten wie Verkleinerung der Schrittweite bei Annäherung an das Minimum und Veränderung der Verteilungsfunktion im Verlaufe der Suche ins Auge, die wir dann auch in Abschnitt 5.1.1 vorstellen.

Am günstigsten schneidet das Polytopverfahren ab, das mit 53 Zielfunktionswertberechnungen das Minimum recht genau bestimmt.

Zusammenfassend sei noch einmal betont, daß die Verfahren hier vorrangig deshalb aufgeführt wurden, um den Einstieg in die direkten Suchverfahren der beschränkten nichtlinearen Optimierung (s. Abschnitt 5.1) vorzubereiten.

4.2. Ableitungsbehaftete Verfahren

Verfahren und Software für die Lösung von unbeschränkten nichtlinearen Optimierungsproblemen, für die Stetigkeits - und Differenzierbarkeitsannahme gelten, sind intensiv untersucht worden, und es konnten effektive Verfahren entwickelt werden. Stehen zweite Ableitungen oder deren Approximationen zur Verfügung, so führt das zur Klasse der sogenannten Verfahren vom Newton-Typ. Hat man nur erste Ableitungen oder deren numerische Approximation, so haben sich die Quasi-Newton-Verfahren als am effektivsten erwiesen.

Ausgehend vom Verfahren des steilsten Abstiegs (4.2.1) geben wir im weiteren Beispiele für Verfahren für jede der genannten Klassen.

4.2.1. Das Verfahren des steilsten Abstiegs

Grundlagen des Verfahrens

Abstiegsverfahren zur Lösung der Aufgabe

$$f(x) = \min! \quad \text{bei} \quad x \in \mathbb{R}^n \tag{1}$$

beruhen darauf, daß ausgehend von der Näherung x^k für eine Lösung x^* zunächst eine Abstiegsrichtung s^k bestimmt wird. Anschließend ermittelt man auf dem Strahl $x = x^k + \alpha s^k$ einen Punkt

$$x^{k+1} = x^k + \alpha_k s^k, \tag{2}$$

in welchem die Funktion $f(x)$ einen kleineren Wert besitzt als in x^k:

$$f(x^{k+1}) < f(x^k). \tag{3}$$

Die Forderung (3) reicht im allgemeinen nicht aus, um zu sichern, daß ein Häufungspunkt x^* der Folge $\{x^k\}$ Lösung der Aufgabe (1) ist. Es muß zusätzlich gewährleistet sein, daß der Abstieg hinreichend stark ist. Dies ist der Fall, wenn für s^k

$$\frac{(\nabla f(x^k))^T s^k}{\|s^k\|} \le - F(\|\nabla f(x^k)\|) \tag{4}$$

gilt, wobei F eine reellwertige Funktion ist mit der Eigenschaft

$$\lim_{k\to\infty} F(t_k) = 0 \longrightarrow \lim_{k\to\infty} t_k = 0. \tag{5}$$

Einfachste Realisierung von s^k, welche der Bedingung (4) genügt, ist

$$s^k = - \nabla f(x^k). \tag{6}$$

Dies führt mit (2) zum Verfahren des steilsten Abstiegs

$$x^{k+1} = x^k - \alpha_k \nabla f(x^k).$$

Die Bezeichnung rührt daher, daß man in Richtung des Antigradienten $-\nabla f(x^k)$ unter geeigneten Voraussetzungen die größte Abnahme des Funktionswertes in bezug auf alle möglichen Fortschreitungsrichtungen nachweisen kann.

Für die Bestimmung der Schritttweite α_k wurde in der vorliegenden Implementierung das ARMIJO-Prinzip gewählt: Mit einer vorher festgelegten Zahl q wird zunächst für $\alpha = 1, 2^{-1}, 2^{-2}, \ldots$ geprüft, ob die Ungleichung

$$f(x^k - \alpha \nabla f(x^k)) - f(x^k) \le \alpha q \|\nabla f(x^k)\|^2 \tag{7}$$

erfüllt ist. Als α_k wird das größte dieser α gewählt, für welches (7) erfüllt ist.

Über die Konvergenz des Verfahrens kann bewiesen werden: *Falls für alle* k $\nabla f(x^k) \neq 0$ *ist, so gilt* $(\nabla f(x^k))^T s^k < 0$ für $k = 0,1,2,\ldots$

Daraus erhält man: Falls die Niveaumenge $\{x : f(x) \le f(x^0)\}$

kompakt ist, gilt:

(i) Jeder Häufungspunkt x^* von $\{x^k\}$ erfüllt die Bedingung $\nabla f(x^*) = 0$.

(ii) Ist $f(x)$ pseudokonvex, dann ist jeder Häufungspunkt x^* von $\{x^k\}$ eine Lösung von (1).

Aufbau des Algorithmus

S0: Wähle einen Punkt $x^0 \in \mathbb{R}^n$, ein q mit $0 < q \leq 1$ sowie ein $\varepsilon > 0$ und setze $k = 0$.

S1: Falls $\|\nabla f(x^k)\| \leq \varepsilon$, setze $x^{*'} = x^k$. Stop.

S2: Ermittle die kleinste nichtnegative ganze Zahl j_k, für welche mit $\alpha_k = (1/2)^{j_k}$

$$f(x^k - \alpha_k \nabla f(x^k)) - f(x^k) \leq q\alpha_k \|\nabla f(x^k)\|^2 .$$

S3: Setze

$$x^{k+1} = x^k - \alpha_k \nabla f(x^k),$$

$k = k + 1$ und gehe zu S1.

Das PASCAL-Programm "stAb.pas" realisiert diesen Algorithmus.

Beispiel

Gesucht ist das Minimum der Funktion

$$f(x) = x_1^4 + x_2^4 .$$

Als Startpunkt wurde $x^0 = (4,1)^T$ verwendet. Die Rechnung wurde nach 14 Iterationsschritten abgebrochen, da der Abbruchtest

$$\|\nabla f(x^k)\| \leq 10^{-2}$$

erfüllt war. Die 14.Näherung für x^* lautet

$$x^{14} = \begin{pmatrix} 0.166342 \\ 0.116342 \end{pmatrix}.$$

Der Funktionswert in diesem Punkt beträgt

$$f(x^{14}) = 3.6637 \cdot 10^{-4} .$$

Die exakte Lösung ist $x^* = (0,0)^T$ mit $f(x^*) = 0$.

Weiterführende Bemerkungen

Das Verfahren des steilsten Abstiegs ist das wohl älteste Iterationsverfahren zur Minimierung von Funktionen (Cauchy 1847). Von der Struktur her sehr einfach und bei der Bestimmung lokaler Minima recht zuverlässig erscheint es zunächst sehr attraktiv, zumal auch der Speicherplatz mit $O(n)$ recht gering ausfällt.
Die i. allg. außerordentlich langsame Verbesserung der Zielfunktionswerte und der Güte der Näherung hat dieses Verfahren für endlichdimensionale Probleme in den Hintergrund treten lassen. Dies betrifft insbesondere die alleinige Anwendung in der Schlußphase der Rechnung. In der Kopplung mit anderen Verfahren (globale Phase: Gradientenverfahren, lokale Phase: Newton-Verfahren) und in den Modifikationen als Verfahren der konjugierten Richtungen hat es sich als sehr leistungsfähig erwiesen (vgl. [47]).

Für Probleme in allgemeinen Räumen (z.B. Steuerprobleme) ist die Methode des steilsten Abstiegs wegen der Schwierigkeiten der zu beschaffenden Informationen über die höheren Ableitungen oft die einzige Möglichkeit der Minimierung.

4.2.2. Das Verfahren der konjugierten Gradienten

Grundlagen des Verfahrens

Verfahren der konjugierten Gradienten wurden zur Lösung der Aufgabe

$$f(x) = \min! \quad \text{bei} \quad x \in \mathbb{R}^n \tag{1}$$

entwickelt. Sie haben ihre Bezeichnung der Tatsache zu verdanken, daß die Fortschreitungsrichtungen s^k zur Minimierung der quadraschen Funktion

$$Q(x) = x^{\mathsf{T}}Cx + p^{\mathsf{T}}x + q \tag{2}$$

gerade so gewählt werden, daß für die Richtungen s^i, $i = 0,1,\dots,k-1$,

$$(s^i)^{\mathsf{T}}Cs^k = 0 \tag{3}$$

gilt. Die Richtungen s^k mit der Eigenschaft (3) berechnen sich auf folgende Weise: In einem Startpunkt x^0 wird $s^0 = -\nabla Q(x^0)$ bestimmt. Im k-ten Schritt der Iteration erhält man x^{k+1} durch Minimierung von $Q(x)$ auf dem Strahl $x(\alpha) = x^k + \alpha s^k$:

$$x^{k+1} = x^k + \alpha_k s^k, \tag{4}$$

wobei α_k der Beziehung

$$Q(x^k + \alpha_k s^k) = \min_{\alpha \geq 0} Q(x^k + \alpha s^k) \tag{5}$$

genügt. Mit

$$g^{k+1} = \nabla Q(x^{k+1}) \tag{6}$$

und

$$\beta_k = \frac{(g^{k+1})^T C s^k}{(s^k)^T C s^k} \tag{7}$$

ergibt sich

$$s^{k+1} = -g^{k+1} + \beta_k s^k. \tag{8}$$

Für quadratische Funktionen (2) läßt sich damit das Minimum in höchstens n Schritten ermitteln.

Diese Eigenschaft kann für eine allgemeine nichtlineare Funktion $f(x)$ nicht nachgewiesen werden. Dessen ungeachtet haben sich Verfahren der konjugierten Gradienten auch in diesem Fall als leistungsfähige Methoden zur Lösung von (1) erwiesen. Für die Größe α_k in (4) wird die sogenannte *perfekte Schrittweite* verwendet, welche durch die Eigenschaft

$$(\nabla f(x^k + \alpha_k s^k))^T s^k = 0$$

charakterisiert ist. Zur Berechnung von β_k wurde in der vorliegenden Implementierung

$$\beta_k = \frac{(g^{k+1})^T (g^{k+1} - g^k)}{(g^k)^T g^k} \tag{9}$$

nach Polak/Ribiere verwendet. Andere Möglichkeiten für den allgemeinen nichtlinearen Fall sind (vgl. [10], [47]).

$$\beta_k = \frac{(g^{k+1})^T g^{k+1}}{(g^k)^T g^k} \qquad \text{bzw.} \qquad \beta_k = \frac{(g^{k+1})^T H(x^{k+1}) s^k}{(s^k)^T H(x^{k+1}) s^k}$$

mit $H(x^{k+1}) = \nabla^2 f(x^{k+1})$.

Aufbau des Algorithmus

S0: Wähle $x^0 \in \mathbb{R}^n$ und $\varepsilon > 0$. Setze $s^0 = -\nabla f(x^0)$, $k = 0$.

S1: Falls $\|\nabla f(x^k)\| \le \varepsilon$ ist $x^* = x^k$ Lösung. Stop.

S2: Bestimme α_k derart, daß

$$(\nabla f(x^k + \alpha_k s^k))^T s^k = 0,$$

und setze

$$x^{k+1} = x^k + \alpha_k s^k.$$

S3: Berechne $\nabla f(x^{k+1})$, wähle β_k gemäß (9) und setze

$$s^{k+1} = -\nabla f(x^{k+1}) + \beta_k s^k$$

S4: Setze $k = k + 1$ und gehe zu S1.

Das PASCAL-Programm "Gra.pas" realisiert das vorgestellte Verfahren.

Beispiel

Mit dem Verfahren der konjugierten Gradienten wurde das Minimum der Funktion

$$f(x) = x_1^4 + (x_1 + x_2)^2 + (e^{x_2} - 1)^2$$

näherungsweise bestimmt.

Die Rechnung wurde im Punkt $x^0 = (1,1)^T$ gestartet und nach 4 Iterationen im Punkt

$$x^4 = (1.82815 \cdot 10^{-12}, 2.88602 \cdot 10^{-12})^T$$

beendet. Der Abbruchtest $\|\nabla f(x)\| \le 10^{-8}$ war in diesem Punkt erfüllt. Die Näherung für das Minimum von $f(x)$ war in diesem Punkt

$$f(x^4) = 2.22233 \cdot 10^{-23}.$$

Exakter Lösungspunkt ist $x^* = (0,0)^T$ mit dem minimalen Funktionswert $f(x^*) = 0$.

Weiterführende Bemerkungen

Verfahren der konjugierten Gradienten wurden erstmals von Hestenes und Stiefel zur Lösung linearer Gleichungssysteme bzw. zur dazu äquivalenten Minimierung quadratischer Funktionen eingesetzt. Die Endlichkeit der Verfahren zur Lösung derartiger Aufgaben ließ ein gutartiges Verhalten für den allgemeinen nichtlinearen Fall erwarten.

Neben der im Algorithmus angegebenen Version existieren noch andere Möglichkeiten, paarweise konjugierte Richtungen zu erzeugen, insbesondere kann die verwendete Wahl von β_k nach POLAK/RIBIERE durch Berechnungsvorschriften von FLETCHER/REEVES (vgl. [10]) ersetzt werden.

Vom Speicherplatz her sind die Verfahren der konjugierten Richtungen anderen Verfahren - z.B. dem Newton-Verfahren - deutlich überlegen. Entgegengesetzt fällt der Vergleich aus, wenn man die Anzahl der erforderlichen Funktionswertberechnungen in Betracht zieht. Hier wirkt sich offenbar die allerdings in letzter Zeit angezweifelte Notwendigkeit einer sehr genauen Schrittweitenbestimmung nachteilig aus. Eine gute Übersicht über Verfahren der konjugierten Gradienten ist in [10] und [47] enthalten.

4.2.3. Das Newton-Verfahren

Grundlagen des Verfahrens

Zur Lösung der Aufgabe

$$f(x) = \min! \qquad \text{bei} \qquad x \in \mathbb{R}^n \tag{1}$$

wird die notwendige Minimumbedingung

$$\nabla f(x) = 0 \tag{2}$$

in einer vorliegenden Näherung x^k linearisiert. Dadurch ergibt sich zunächst der Punkt y^k als Lösung des linearen Gleichungssystems

$$\nabla f(x^k) + \nabla^2 f(x^k)\,(x - x^k) = 0. \tag{3}$$

In der Originalversion wird y^k als Iterierte x^{k+1} verwendet.

Es mögen die folgenden Voraussetzungen gelten:

(i) Es gibt eine offene konvexe Menge $D \subset \mathbb{R}^n$, in der $\nabla f(x)$ stetig differenzierbar ist;

(ii) es existiert ein $x^* \in \mathbb{R}^n$ sowie eine Umgebung $U(x^*)$, so daß

$$U(x^*) \subset D, \qquad \nabla f(x^*) = 0$$

gelten;

(iii) es existiert $(\nabla^2 f(x^*))^{-1}$.

Dann konvergiert für $x^0 \in U(x^*)$ die durch die beschriebene Vorgehensweise definierte Folge $\{x^k\}$ gegen x^*, und es gilt mit $C > 0$

$$\|x^{k+1} - x^*\| \leq C\|x^k - x^*\|^2. \qquad (4)$$

Damit besitzt das Newton-Verfahren die Eigenschaft der lokalen quadratischen Konvergenz. Um unter geeigneten Voraussetzungen von jedem Startpunkt x^0 aus einen Punkt x^* bestimmen zu können, welcher die notwendige Minimumbedingung erfüllt, wird eine sogenannte *gedämpfte* Version des Newton-Verfahrens bereitgestellt.

Dabei wird nicht y^k als Nachfolger von x^k akzeptiert, sondern man sucht auf der Strecke $[x^k, y^k]$ nach demjenigen Punkt, für welchen die Funktion $f(x)$ ihren kleinsten Wert annimmt:

$$x^{k+1} = x^k + \lambda_k (y^k - x^k)$$

mit

$$f(x^k + \lambda_k (y^k - x^k)) = \min_{0 \leq \lambda \leq 1} f(x^k + \lambda (y^k - x^k)). \qquad (5)$$

Es läßt sich unter hinreichend schwachen Vorausstzungen zeigen, daß für genügend großes k_0 gilt: $\lambda_k = 1 \; \forall \, k \geq k_0$. Damit geht in einer Umgebung von x^* das gedämpfte in das ungedämpfte Newton-Verfahren über. Man hat eine globale und lokal überlinear konvergente Methode zur Lösung der Aufgabe (1).

Aufbau des Algorithmus

S0: Wähle eine Anfangsnäherung x^0, ein q, $0 < q \leq 1$, sowie eine Abbruchschranke $\varepsilon > 0$. Setze $k = 0$.

S1: Bestimme y^k als Lösung des linearen Gleichungssystems

$$\nabla f(x^k) + \nabla^2 f(x^k)\,(x - x^k) = 0.$$

S2: Setze $s^k = y^k - x^k$. Ermittle die kleinste nichtnegative Zahl j_k, für die mit $\lambda_k = (1/2)^{j_k}$ gilt

$$f(x^k + \lambda_k s^k) - f(x^k) \leq q\lambda_k (\nabla f(x^k))^T s^k$$

und setze

$$x^{k+1} = x^k + \lambda_k s^k.$$

S3: Ist $\|x^{k+1} - x^k\| \leq \varepsilon$, so ist $x^* = x^{k+1}$ Lösung. Stop.

S4: Setze $k = k + 1$ und gehe zu S1.

Das PASCAL-Programm "Newton.pas" realisiert diesen Algorithmus.

Beispiel

Mit dem Newton-Verfahren wurde das Minimum der Funktion

$$f(x) = x_1^4 + (x_1 + x_2)^2 + (e^{x_2} - 1)^2$$

näherungsweise bestimmt. Die Rechnung wurde im Punkt $x^0 = (1,1)^T$ gestartet und nach 6 Iterationen im Punkt

$$x^6 = (-1.218448 \cdot 10^{-8}, 1.218446 \cdot 10^{-8})^T$$

beendet. Der Abbruchtest $\|x^k - x^{k-1}\| \leq 10^{-5}$ war für $k = 6$ erfüllt.

Der exakte Lösungspunkt ist $x^* = (0.0)^T$ mit dem minimalen Zielfunktionswert $f(x^*) = 0$.

Weiterführende Bemerkungen

Das Newton-Verfahren hat sich von seiner Grundidee als ein sehr wirksames Instrument für die Lösung von Minimierungsaufgaben und von Gleichungssystemen erwiesen. Den Vorteilen der Q-quadratischen Konvergenz bei vorliegender guter Startnäherung für den Fall, daß $\nabla^2 f(x^*)$ nichtsingulär ist, stehen folgende Nachteile gegenüber:

(i) Im allgemeinen liegt keine globale Konvergenz vor.

(ii) Die Berechnung von $\nabla^2 f(x^k)$ ist in jedem Schritt der Iteration notwendig.

(iii) Es ist die Lösung eines linearen Gleichungssystems, welches unter Umständen schlecht konditioniert ist, notwendig.

Der erste Nachteil konnte in der vorliegenden Implementierung durch die Verwendung einer gedämpften Version beseitigt werden. Andere Möglichkeiten der Globalisierung bestehen in Einbettungsmethoden, in hybriden Methoden und in Trust-Region-Techniken (vgl. [28] und [32]). Die Vorstellung zugehöriger PASCAL-Programme an dieser Stelle würde den Rahmen des Buches sprengen.

Auf Modifikationen des Newton-Verfahrens, welche die Nachteile (ii) und (iii) umgehen, wird im folgenden noch eingegangen. Die Gleichung (3) kann auch als notwendige Bedingung für ein Minimum der quadratischen Funktion

$$q_k(x) = f(x^k) + \nabla f(x^k) + \frac{1}{2} (x - x^k)^T \nabla^2 f(x^k) (x - x^k)$$

interpretiert werden.

Umgekehrt kann das implementierte Newton-Verfahren auch dazu verwendet werden, allgemein ein System nichtlinearer Gleichungen

$$F(x) = (f_1(x),\ldots,f_m(x))^T = 0$$

zu lösen. Dazu sind die Komponenten von $F(x)$ anstelle der partiellen Ableitungen im Programm zu verwenden. Statt $f(x)$ kann $\phi(x) = \|F(x)\|$ zur Dämpfung genutzt werden. Wir betrachten dazu das nachfolgende Beispiel zur Anwendung des Newton-Verfahrens bei der Lösung eines nichtlinearen Gleichungssystems:

Mit dem Newton-Verfahren wurde das nichtlineare Gleichungssystem

$$f_1(x) = x_1 + x_2 - 3 = 0$$

$$f_2(x) = x_1^2 + x_2^2 - 9 = 0$$

gelöst. Die beiden Gleichungen sind gemeinsam für den Punkt $x^* = (0,3)^T$ erfüllt. Nach 5 Iterationen war der Abbruchtest mit

$$\|x^5 - x^4\| \le 10^{-5}$$

erfüllt. Die Iteration wurde im Punkt

$$x^5 = (4.000789 \cdot 10^{-8}, 3.000000)^T$$

abgebrochen.

4.2.4. Das Newton-Verfahren mit konsistenter Approximation der Hesse-Matrix

Grundlagen des Verfahrens

Der entscheidende Nachteil bei der Anwendung des Newton-Verfahrens zur Lösung der Aufgabe

$$f(x) = \min! \quad \text{bei} \quad x \in \mathbb{R}^n \tag{1}$$

ist die notwendige Berechnung von Ableitungen höherer Ordnung. Ein Ausweg besteht in der konsistenten Approximation der Hesse-Matrix $\nabla^2 f(x)$ der Funktion $f(x)$. Hierbei wird die partielle Ableitung der i-ten Komponente

$\phi_i = \frac{\partial f}{\partial x_i}$ des Gradienten $\nabla f(x) = (\phi_1, \ldots, \phi_n)^T$ nach der Variablen x_j

$$\frac{\partial \phi_i}{\partial x_j} = \frac{\partial \left[\frac{\partial f}{\partial x_i}\right]}{\partial x_j} = \frac{\partial^2 f}{\partial x_i \partial x_j} \tag{2}$$

an der Stelle x^k durch die dividierte Differenz

$$\frac{\phi_i\left(x^k + h_k e_i\right) - \phi_i\left(x^k\right)}{h_k}$$

ersetzt. Die Approximation H_k der Hesse-Matrix $\nabla^2 f(x^k)$ der Funktion $f(x)$ an der Stelle x^k läßt sich dann in der Form

$$(H_k)_{ij} = \left[\frac{\phi_i\left(x^k + h_k e_j\right) - \phi_i\left(x^k\right)}{h_k}\right] \tag{3}$$

darstellen.

Für die in der Implementierung gewählte Diskretisierungsschrittweite

$$h_k = \|x^k - x^{k-1}\| \, (1 + \|x^k\|) \tag{4}$$

kann lokal die Konvergenzgeschwindigkeit

$$x = \frac{1}{2} (1 + \sqrt{5})$$

nachgewiesen werden.

Eine gleichzeitige Diskretisierung der ersten Ableitungen ist ebenfalls möglich. Da das vorgelegte PASCAL-Programm für die Behandlung von Gleichungen verwendbar bleiben sollte, wird auf die Implementierung der entsprechenden Möglichkeiten verzichtet.

Bei dieser Nutzung ist statt der Komponenten $\phi_i(x) = \frac{\partial f}{\partial x_i}$ des Gradienten einer zu minimierenden Funktion $f(x)$ das System von Gleichungen einzugeben, deren gemeinsame Nullstelle bestimmt werden soll.

Aufbau des Algorithmus

S0: Wähle zwei Anfangsnäherungen x^0 und x^1 für ein lokales Minimum der Funktion $f(x)$, eine Abbruchschranke $\varepsilon > 0$ sowie eine Zahl q mit $0 < q < 1$. Setze $k = 1$.

S1: Bestimme die Diskretisierungsschrittweite h_k gemäß (4) und berechne die Elemente der Matrix H_k aus (3).

S2: Ermittle y^k als Lösung des linearen Gleichungssystems

$$\nabla f(x^k) + H_k(y - x^k) = 0.$$

Setze $s^k = y^k - x^k$.

S3: Falls $\|s^k\| \le \varepsilon$ ist, setze $x^* = x^k$. Stop.

S4: Berechne die kleinste nichtnegative ganze Zahl $j_k \ge 0$, für welche mit $\alpha_k = (1/2)^{j_k}$ gilt

$$f\left(x^k + \alpha_k s^k\right) - f\left(x^k\right) \le q\alpha_k \left(\nabla f(x^k)\right)^T s^k.$$

S5: Setze

$$x^{k+1} = x^k + \alpha_k s^k,$$

$k = k + 1$ und gehe zu S1.

Das PASCAL-Programm "NewApp.pas" realisiert das vorgestellte Verfahren.

Beispiel

Mit dem Newton-Verfahren mit konsistenter Approximation der Hesse-Matrix wurde die Funktion

$$f(x) = (x_1 - 2)^4 + (x_1 - 2)^2 x_2^2 + (x_2 + 1)^2$$

minimiert. Die Lösung ist $x^* = (2, -1)^T$ mit der minimalen Zielfunktion $f(x^*) = 0$.

Als Startpunkt diente $x^0 = (0,0)^T$. Mit der Abbruchgenauigkeit $\varepsilon = 10^{-5}$ wurde die Rechnung nach 7 Iterationschritten abgebrochen, der Punkt $x^7 = (2, -1)^T$ ist die exakte Lösung.

Weiterführende Bemerkungen

Die angegebene konsistente Approximation der zweiten Ableitungen im Newton-Verfahren stellt nur die einfache Form derartiger Vorschriften dar. Sie zeichnet sich durch eine hohe Stabilität aus, erfordert aber die Berechnung der Ableitungen in weiteren Hilfspunkten. Die charakterisierende Eigenschaft, daß für klein werdende Diskretisierungsschrittweiten die Approximation immer besser mit der Hesse-Matrix von $f(x)$ übereinstimmt, also konsistent ist, wird auch von anderen Vorschriften erfüllt. Am bekanntesten sind die sogenannten sequentiellen Sekantenverfahren, bei denen die Gradienten in n zurückliegenden Iterationspunkten verwendet werden. Zum Nachweis der Konsistenz, der Durchführbarkeit der Iteration und der überlinearen Konvergenz ist allerdings erforderlich, daß sich diese Punkte in sogenannter allgemeiner Lage befinden: Eine Forderung, welche a priori kaum zu erfüllen ist.

Auf bekannte Vertreter dieser Verfahrensklasse, wie die Vorschrift von HEINRICH/WOLFE/BITTNER und von DANILIN/PCENICNIJ wird in [47] ausführlich eingegangen.

4.2.5. Das Verfahren der variablen Metrik

Grundlagen des Verfahrens

Eine andere Möglichkeit, höhere Ableitungen bei der Minimierung der Funktion $f(x)$ zu vermeiden, stellen Quasi-Newton-Verfahren dar.

In der quadratischen Ersatzfunktion

$$Q_k(x) = f(x^k) + \left(\nabla f(x^k)\right)^T (x - x^k) + \frac{1}{2} (x - x^k)^T \nabla^2 f(x^k)(x - x^k) \tag{1}$$

wird dabei die Hesse-Matrix $\nabla^2 f(x)$ der Funktion $f(x)$ durch eine Approximation B_k ersetzt, welche der Bedingung

$$B_k \; (x^k - x^{k-1}) = \nabla f(x^k) - \nabla f(x^{k-1}) \tag{2}$$

genügt. Die Matrix B_k ist, außer im Fall $n = 1$, durch (2) nicht eindeutig bestimmt. Man kann nun neben dem Erfülltsein dieser "Quasi-Newton-Gleichung" noch die folgenden sinnvollen Forderungen stellen:

1. Es existiere eine Aufdatierungsvorschrift ϕ, so daß
$$B_{k+1} = \phi(B_k \; , \; r^k \; , \; q^k \;) \tag{3}$$
mit
$$r^k = x^{k+1} - x^k, \qquad q^k = \nabla f(x^{k+1}) - \nabla f(x^k)$$
gilt.
2. Die Matrix B_k soll aus Aufwandsgründen symmetrisch sein.
3. Die Matrix B_k soll positiv definit sein.

Dann ergibt sich eine Klasse von quadratischen Ersatzfunktionen

$$\phi_k(x) = f(x^k) + \left(\nabla f(x^k)\right)^T (x - x^k) + \frac{1}{2}(x - x^k)^T B_k (x - x^k),$$

welche gerade auf Quasi-Newton-Verfahren zur Minimierung der Funktion $f(x)$ führen. Diese beruhen darauf, daß man das Gleichungssystem

$$B_k (x - x^k) + \nabla f(x^k) = 0 \tag{4}$$

löst, welches sich aus der motwendigen Extremalbedingung für die Aufgabe

$$\phi_k(x) = \min! \qquad \text{bei} \qquad x \in \mathbb{R}^n \tag{5}$$

ergibt. Die daraus resultierende Iterationsvorschrift

$$x^{k+1} = x^k - \alpha_k B_k^{-1} \nabla f(x^k) \tag{6}$$

berücksichtigt die für die globale Konvergenz erforderliche Dämpfung des Fortschreitens in x.

Die einzelnen Quasi-Newton-Verfahren unterscheiden sich in der konkreten Wahl von ϕ. Neben der Überschreibung von B_k kommt dabei auch der Aufdatierung von B_k^{-1} eine Bedeutung zu. Als besonders effektiv haben sich die Rang-Eins-Aufdatierungen der Broyden-Klasse erwiesen.

Aufbau des Algorithmus

S0: Wähle eine Anfangsnäherung x^0 sowie eine Abbruchschranke $\varepsilon > 0$. Setze

$$H_0 = B_0^{-1} = I, \; k = 0.$$

S1: Ermittle

$$s^k = -H_k \nabla f(x^k).$$

S2: Ermittle die kleinste nichtnegative ganze Zahl j_k, für welche mit $\alpha_k = (1/2)^{j_k}$ gilt:

$$f(x^k + \alpha_k s^k) - f(x^k) \le \alpha_k q \left(\nabla f(x^k)\right)^T s^k.$$

S3: Setze

$$x^{k+1} = x^k + \alpha_k s^k,$$
$$q^k = \nabla f(x^{k+1}) - \nabla f(x^k),$$
$$r^k = x^{k+1} - x^k$$

und bestimme

$$H_{k+1} = H_k + \frac{(r^k - H_k q^k)(r^k)^T H_k}{(r^k)^T H_k q^k}$$

S4: Ist $\|r^k\| \le \varepsilon$, so ist $x^* = x^{k+1}$ Lösung. Stop.

S5: Setze $k = k + 1$ und gehe zu S1.

Beispiel

Mit der Vorschrift von Broyden wurde näherungsweise das Minimum der Funktion

$$f(x) = (x_1 - 1)^4 + (x_2 - 1)^2$$

bestimmt. Nach 13 Iterationen war der Abbruchtest mit $\varepsilon = 10^{-5}$ erfüllt. Die Iterierte x^{13} hat die Gestalt

$$x^{13} = (0.999973,\ 0.999973)^T.$$

Der Zielfunktionswert $f(x^{13}) = 9.611806 \cdot 10^{-11}$. Exakter Lösungspunkt ist $x^* = (1,1)^T$ mit $f(x^*) = 0$.

Weiterführende Bemerkungen

Als erstes Quasi-Newton-Verfahren kann die von DAVIDON verwendete und von FLETCHER und POWELL publizierte DFP-Vorschrift angesehen werden. Insbesondere die - allerdings erst viel später von BURMEISTER bewiesene - n-Schritt quadratische Konvergenz, das Vermeiden von linearen Gleichungssystemen und die ausschließliche Verwendung erster Ableitungen erwiesen sich als vorteilhafte Eigenschaften. So entstand eine ganze Reihe von Aufdatierungsformeln, von denen insbesondere diejenigen der sogenannten Broyden-Klasse erwähnenswert sind. Als leistungsfähige Vertreter kann neben der implementierten BFGS-Formel eine Aufdatierungsvorschrift von KLEINMICHEL [25] gelten. Eine sehr schöne Übersicht über Quasi-Newton-Verfahren ist in [47] enthalten.

5. Beschränkte nichtlineare Optimierung

Für Probleme der nichtlinearen Optimierung mit Restriktionen existiert kein universell einsetzbarer Algorithmus. Es ist deshalb Anliegen des vorliegenden Kapitels, dem Leser für verschiedene Problemklassen erfolgreiche Lösungsverfahren vorzustellen und ihn damit zu befähigen, für das von ihm betrachtete Problem ein oder mehrere Programme auszuwählen.

Über die Entwicklung von Software wurde im Abschnitt 1.3.4 bereits einiges bemerkt. Neben den darin erwähnten Programmen sei auf die Programmbank "Nichtlineare Optimierung" an der AdW der DDR verwiesen. Außerdem sollen umfangreichere Sammlungen von Programmen der nichtlinearen Optimierung genannt werden: die Bibliotheken IMSL (International Mathematical and Statistically Library) und die NAG (Numerical Algorithms Group)
Das Kapitel 5 ist ebenso strukturiert wie das Kapitel 4. Wir stellen in 5.1 Verfahren der direkten Suche dar, d. h. Verfahren, die eingesetzt werden können, wenn nur die Werte der Zielfunktion berechnet werden können. Der Abschnitt 5.2 behandelt Verfahren für eine Klasse spezieller nichtlinearer Optimierungsprobleme, d. h. mit quadratischer Zielfunktion und linearen Nebenbedingungen. Im Abschnitt 5.3 sind Beispiele für Verfahren angegeben, wenn Informationen über erste oder zweite Ableitungen zur Verfügung stehen.

5.1. Verfahren der direkten Suche

Verfahren dieser Klasse können für nichtstetige und nichtdifferenzierbare Probleme eingesetzt werden. Sie haben sich besonders für Optimierungsprobleme aus den Gebieten der rechnergestützten Konstruktion, des rechnergestützten Entwurfs sowie der technischen Produktionsvorbereitung bewährt. Wir stellen hier die Erweiterungen der stochastischen Suche und des Polytopverfahrens (aus Abschnitt 4.1) auf beschränkte Probleme dar.

5.1.1. Die adaptive Zufallssuche

Grundlagen des Verfahrens

Aus der großen Klasse der Zufallssuchverfahren soll hier das Verfahren der adaptiven Zufallssuche [17] vorgestellt werden, das sich in einer Reihe von Anwendungen bewährt hat. Es wird die Aufgabenstellung betrachtet:

$$f(x) = \min! \qquad x \in \mathbb{R}^n, \tag{1}$$

mit

$$g_j(x) \le 0, \qquad j = 1,\ldots,m, \tag{2}$$

und

$$a \le x \le b. \tag{3}$$

In den Verfahren der adaptiven Zufallssuche ist die Effektivität der "blinden" Zufallssuche durch Elemente des Lernens erhöht worden. So besteht das Grundprinzip darin, daß die Wahrscheinlichkeitsdichte der zufällig ausgewählten neuen Punkte zielgerichtet verändert wird. Die Streuung um den Punkt mit dem jeweils besten Zielfunktionswert wird ständig verkleinert. Das führt zu folgender Berechnungsvorschrift für die neuen Suchpunkte

$$x^k = x_b^k + \xi K R. \tag{4}$$

Dabei ist ξ eine Diagonalmatrix, deren Elemente gleichverteilte Zufallsgrößen sind aus dem Intervall [-1,1]. Weiterhin ist x^k der aktuelle Suchpunkt während der k-ten Iteration und x_b^k der Suchpunkt mit dem besten Zielfuntionswert in der k-ten Iteration. Für die Berechnung von R gilt

$$R = 1/2(b - a), \tag{5}$$

und K ist ein Koeffizient zur Beeinflussung der Streuung, d.h., dieser Koeffizient verändert die Verteilungsdichte so, daß sich die Streuung um den "besten" Punkt x_b verringert.

Das Verfahren in 4.1.1 ist wie leicht ersichtlich, für $K = 1$ und $R = (h,\ldots,h)^T$ ein Spezialfall des hier behandelten.

Aufbau des Algorithmus

S0: Eingabe des Startpunktes x^0, der maximalen Zahl von Suchpunkten je Iteration j_m und der maximalen Zahl von Iterationen k_m.

Berechne R nach (5) und setze $K = 1, x_b^1 = x^0, k = 1$ und $j = 0$.

S1: Berechne die Diagonalgmatrix ξ, deren Elemente gleichverteilte Zufallszahlen aus dem Intervall [-1,1] sind.

Ermittle

$$x^k = x_b^k + \xi^k R.$$

S2: Ist für ein $i = 1,\ldots,m$ die Nebenbedingung $g_i(x^k) \le 0$ verletzt oder

für ein $l = 1,\ldots,n$ die Bedingung $a_l \le x_l \le b_l$ nicht erfüllt, so gehe zu S4.

S3: Ist $f(x^k) < f(x_b^k)$, dann setze $x_b^k = x^k$.

S4: Setze $j = j + 1$. Ist $j \le j_m$, dann gehe zu S1.

S5: Setze $k = k + 1$ und $K = K + 2$.

Ist $k \ge k_m$, so ist x_b^k die Lösung mit dem Funktionswert $f(x_b^k)$. Stop.

Sonst gehe zu S1.

Das PASCAL-Programm "aZs.pas" realisiert das vorgestellt Verfahren.

Beispiel

Es wird die gleiche Aufgabe wie in Abschnitt 4.1.1 betrachtet, um einen Vergleich der Effektivität anstellen zu können und die Wirkung der vorgeschlagenen Verbesserungsmöglichkeiten zu testen. Die folgende Funktion sei zu minimieren:

$$f(x) = x_1^4 - 2x_1^3 + x_2^2 + x_1^2 x_2^2 - 4x_1 x_2 + 3$$

mit

$$-2 \le x_l \le 8, \quad l = 1,2.$$

Der Startpunkt ist wie in Abschnitt 4.1.1 $x^0 = (3,4)^T$, die maximale Zahl von Suchpunkten je Iteration $j_m = 40$, die maximale Iterationszahl $k_m = 3$. Als Lösung erhält man nach 124 Zielfunktionswertberechnungen

$$x_b = \begin{pmatrix} 1.570845272 \\ 0.921124207 \end{pmatrix}$$

mit dem Zielfunktionswert $f(x_b) = -1.509125588$.

Im Vergleich mit dem Verfahren der einfachen Zufallssuche ist erkennbar, daß eine Effektivitätssteigerung eintrat. Die Zahl der notwendigen Zielfunktionswertberechnungen konnte von 200 auf 124 gesenkt werden und dabei noch ein besserer Funktionswert erreicht werden.

Um die Beliebtheit der Verfahrensklasse der adaptiven Zufallssuche zu demonstrieren, sei die obige Aufgabe um eine Ungleichung erweitert

$$4x_1 + 5x_2 \geq 20.$$

Diese Aufgabe wird mit dem Verfahren der adaptiven Zufallssuche gelöst. Es wird der gleiche Startpunkt $x^0 = (3,4)^T$ verwendet, die maximale Iterationszahl $k_m = 3$ und die maximale Zahl von Probeschritten je Iteration ist $j_m = 50$. Man erhält das beschränkte Minimum bei

$$x_b = \begin{pmatrix} 0.7340922 \\ 3.458311461 \end{pmatrix}$$

mit dem Zielfunktionswert $f(x_b) = 10.74934884$ nach 154 Funktionswertberechnungen.

In gleicher Weise können natürlich auch nichtlineare Nebenbedingungen berücksichtigt werden. Diese Verfahren sind wegen ihrer Einfachheit und Robustheit sehr beliebt. Mit hinreichender Effektivität liefern sie jedoch nur Lösungen in einer Umgebung von 10% bis maximal 1% des Minimums. Das kann für praktische Probleme bereits genügen, oder man führt die Suche mit lokalkonvergenten Verfahren weiter.

Weiterführende Bemerkungen

Eine Steigerung der Effektivität der vorgestellten adaptiven Zufallssuche kann man z.B. durch schrittweise Reduzierung des Suchintervalls erzielen. Das kann man durch folgende Berechnungsvorschrift für die neuen Suchpunkte erreichen:

$$x^k = x_b^k + \frac{1}{K} \zeta^k R.$$

Dabei muß darauf geachtet werden, daß die Folge der K nicht zu schnell wächst. Es würde sonst eine zu starke Einengung des Suchbereiches eintreten und damit lokale Konvergenz auftreten. Für K erwies sich die Folge 1; 3; 5;7;... als am günstigsten. Für die Realisierung als Dialogprogramm in PASCAL auf einem Mikrorechner erwiesen sich bis zu 50 Suchpunkte je Iteration als günstig. In der Realisierung als FORTRAN Programm auf einem Mini- oder Großrechner verwendet man 100 bis 500 Suchpunkte.

5.1.2. Das erweiterte Polytopverfahren

Grundlagen des Verfahrens

Es wird von folgender Problemstellung ausgegangen:

$$f(x) = \min!, \quad x \in \mathbb{R}^n, \tag{1}$$

mit

$$g_j(x) \leq 0, \quad j = 1,\ldots,m, \tag{2}$$

und

$$a \leq x \leq b. \tag{3}$$

Das erweiterte Polytopverfahren (COMPLEX-Verfahren nach Box [3]) ist eine Übertragung der Idee des einfachen Polytopverfahrens (s. Abschnitt 4.1.3) auf den Fall eines Optimierungsproblems mit Nebenbedingungen.

Dadurch ist neben der Untersuchung des Wertes der Zielfunktion auch noch die Einhaltung der Nebenbedingungen (2) und (3) zu überprüfen.

Ausgehend von einem Simplex in $\mathbb{R}^n$ wird durch Vorschriften der Reflexion, Expansion und Kontraktion erreicht, daß sich der Simplex um das Minimum der Zielfunktion zusammenzieht. Dabei erwies es sich als günstig, einen Simplex mit $l = 2n$ Eckpunkten zu verwenden. l sollte jedoch mindestens gleich $(n + 1)$ und nie kleiner 3 sein.

Die Eckpunkte des Simplexes werden nach den Werten der Zielfunktion folgendermaßen geordnet:

$$f(x^1) \leq f(x^2) \leq \ldots \leq f(x^n) \leq \ldots \leq f(x^l). \tag{4}$$

Mit dieser Indizierung errechnet sich der Schwerpunkt aller Eckpunkte außer dem schlechtesten zu

$$x_s = \frac{1}{l-1} \sum_{i=1}^{l-1} x^i. \tag{5}$$

Eine Erhöhung der Effektivität des Verfahrens erreicht man,

wenn der Schwerpunkt, gewichtet durch die Zielfunktionswerte, berechnet wird [12,15], d.h.

$$x_s = \frac{1}{\Delta(l-1)} \sum_{i=1}^{l-1} \Delta_i x^i \tag{6}$$

mit

$$\Delta_i = \begin{cases} 1 & \text{für } f(x^l)-f(x^1) \le 0.05(|f(x^1)|+10^{-4}), \\ [f(x^l) - f(x^i)]/[f(x^l) - f(x^1)] & \text{sonst} \end{cases}$$

und

$$\Delta = \sum_{i=1}^{l-1} \Delta_i .$$

Um den Schwerpunkt erfolgt eine Reflexion des Punktes mit dem schlechtesten Zielfunktionswert (x^l) nach:

$$x_r = x_s + \alpha\,(x_s - x^l). \tag{7}$$

Der Reflexionskoeffizient α ist im Programm P.5.2 gleich Eins. War diese Reflexion erfolgreich, d.h. $f(x_r) < f(x^1)$ und werden alle Nebenbedingungen eingehalten, dann erfolgt eine *Expansion* des Simplexes nach

$$x_e = x_s + \gamma\,(x_r - x_s) \tag{8}$$

mit dem Expansionskoeffizienten $\gamma > 1$. Stellt jedoch der Zielfunktionswert im reflektierten Punkt gegenüber den anderen keine Verbesserung dar oder werden Nebenbedingungen verletzt, dann wird außerhalb des alten Simplex *kontrahiert* ($0 < \beta < 1$).

$$x_c = x_s + \beta\,(x_r - x_s). \tag{9}$$

Sollte das noch keine Verbesserung bei der Minimumsuche bringen oder werden Nebenbedingungen verletzt, so erfolgt eine Reflexion des berechneten Punktes am Schwerpunkt in den aufgespannten Simplex (*Kontraktion nach innen*),

$$x_c = x_s + \alpha\,(x^l - x_s). \tag{10}$$

Verletzt dieser Punkt Grenzen oder wird keine Verbesserung des Zielfunktionswertes erreicht, so werden die Koordinaten des schlechtesten Punktes mit denen des besten gemittelt.

Sind bei diesem Punkt immer noch die Grenzen verletzt oder noch immer keine Verbesserung erreicht, so werden alle Eckpunkte des

Polytops außer x^1 durch $(x^1 + x^i)/2$ mit $i = 2,3,\ldots,I$ ersetzt. Als Abbruchkriterium wird $F \leq \varepsilon$ mit

$$F = \left[\frac{1}{I} \sum_{i=1}^{I} \left[f(x^i) - \frac{1}{I} \sum_{i=1}^{I} f(x^i) \right]^2 \right]^{0.5} \tag{11}$$

verwendet.

Um der Forderung nach multivalenter Nutzbarkeit des Algorithmus zu entsprechen, ist es sinnvoll, neben der Möglichkeit, den Startsimplex im explizit gegebenen Lösungsgebiet mit Hilfe von Zufallszahlen aufzubauen, auch ein vollständiges Einlesen des Simplexes vorzusehen. Weiterhin ist das Verfahren auch für Probleme ohne Nebenbedingungen anwendbar.

Die Auswertung einer Reihe von Anwedungsfällen zeigt, daß das Verfahren mit Annäherung an die Lösung an Effektivität verliert. Die Konvergenzgeschwindigkeit in Nähe der Lösung ist gering, jedoch die Zuverlässigkeit des Suchprozesses hoch.

Aufbau des Algorithmus

S0: Vorgabe eines zulässigen Startpunktes x^1 und Ermittlung der restlichen $I - 1 = 2n - 1$ Eckpunkte des Startpolytops durch zufällige Verteilung der Punkte im Gebiet der Grenzen (3). Werden dabei Grenzen des Typs (2) verletzt, so wird der hinzukommende Punkt mit dem Schwerpunkt derbisher zulässigen Eckpunkte gemittelt.
Eingabe des Abbruchkriteriums ε. Die verfahrensspezifischen Parameter haben die Werte: $\alpha = 1$, $\gamma = 1.2$ und $\beta = 0.5$.

S1: Die Eckpunkte des Polytops werden nach den Werten der Zielfunktion geordnet:

$$f(x^1) \leq f(x^2) \leq \ldots \leq f(x^h) \leq \ldots \leq f(x^{l-1}) \leq f(x^l).$$

S2: Bestimme den gewichteten Schwerpunkt x_s nach (6).

S3: Reflexion des Punktes mit dem schlechtesten Zielfunktionswert um den Schwerpunkt. Berechne

$$x_r = x_s + \alpha\,(x_s - x^l).$$

Werden die Grenzen (2) nicht eingehalten, gehe zu S5.
Ist $f(x_r) < f(x^1)$, gehe zu S4.
Ist $f(x_r) \geq f(x^l)$, gehe zu S5.

Sonst gehe zu S9.

S4: Expansion entlang der Reflexionsrichtung. Berechne

$$x_e = x_s + \gamma\,(x_r - x_s).$$

Werden die Grenzen (2) nicht eingehalten, gehe zu S9.

Ist $f(x_e) < f(x_r)$, dann setze $x_r = x_e$.

Gehe zu S9.

S5: Kontraktion entlang der Reflexionsrichtung. Setze

$$x_c = x_s + \beta\,(x_r - x_s).$$

Werden die Grenzen (2) nicht eingehalten, gehe zu S6.

Ist $f(x_c) < f(x^2)$, dann setze $x_r = x_c$ und gehe zu S9.

S6: Reflexion des kontrahierten Punktes am Schwerpunkt,

$$x_c = x_s + \alpha\,(x^l - x_s).$$

Werden die Grenzen (2) verletzt, gehe zu S8.

Ist $f(x_c) < f(x^l)$, dann setze $x_r = x_c$ und gehe zu S9.

S7: Mittelung des Punktes x_c mit dem bisher besten Punkt x^1,

$$x_c = (x_c + x^1)/2.$$

Werden die Grenzen (2) verletzt, dann gehe zu S8.

Ist $f(x_c) < f(x^l)$, dann setze $x_r = x_c$ und gehe zu S9.

S8: Mittelung aller Punkte mit dem bisher besten Punkt:

$$x^i = (x^i + x^1)/2, \qquad i = 2,3,\ldots,l.$$

Werden die Grenzen(2) verletzt, wird die Mittelung wiederholt.

Berechne die Zielfunktionswerte $f(x^2),\ldots,f(x^l)$.

Gehe zu S10.

S9: Ersetze den bisher schlechtesten Wert $x^l = x_r$.

S10: Berechne F nach (11).

Ist $F < \varepsilon$, dann ist x^1 die Lösung mit $f(x^1)$. Stop.

Sonst gehe zu S1.

Das PASCAL-Programm "erPoly.pas" realisiert das vorgestellte Verfahren.

Beispiel

Als Optimierungsproblem wird wiederum die Aufgabe aus Abschnitt

4.1.1 gewählt. Diese Aufgabe wird wie in Abschnitt 5.1.1 erst mit unteren und oberen Grenzen behandelt und dann um eine Ungleichung erweitert. Damit soll es möglich sein, das erweiterte Polytopverfahren mit dem einfachen Polytopverfahren (s. 4.1.1) und dem Verfahren der adaptiven Zufallssuche zu vergleichen. Es sei die folgende Funktion zu minimieren

$$f(x) = x^4 - 2x^3 + x^3 + x^2 x^2 - 4x\, x + 3$$

mit

$$-2 \le x_i \le 8, \quad i = 1, 2.$$

Der Startpunkt ist wie bisher $x^0 = (3, 4)^T$ und die Abbruchschranke $\varepsilon = 10^{-8}$. Als Lösung erhält man nach 67 Zielfunktionswertberechnungen

$$x^1 = \begin{pmatrix} 1.6003257 \\ 0.90605274 \end{pmatrix}$$

mit dem Zielfunktionswert $f(x^1) = -1.5146117$. Im Vergleich zum Verfahren der adaptiven Zufallssuche konnte die Anzahl der notwendigen Zielfunktionswertberechnungen von 124 auf 67 gesenkt werden, wobei ein besserer Funktionswert erreicht werden konnte.

Im weiteren sei die obige Aufgabe betrachtet, erweitert um die Ungleichung

$$4x_1 + 5x_2 \ge 20.$$

Der Startpunkt ist wiederum $x^0 = (3,4)^T$ und die Abbruchschranke $\varepsilon = 10^{-8}$. Man erhält nach 50 Funktionswertberechnungen das beschränkte Minimum bei

$$x^1 = \begin{pmatrix} 1.1691231 \\ 3.0648013 \end{pmatrix}$$

mit dem Zielfunktionswert $f(x^1) = 9.5715541$.

Dieses Verfahren kann natürlich auch in gleicher Weise einfach nichtlineare Nebenbedingungen berücksichtigen.

Weiterführende Bemerkungen

Da das erweiterte Polytopverfahren den Anfangspolytop zufällig um den Startpunkt aufbaut, besteht eine hohe Wahrscheinlichkeit, daß die globale Lösung erreicht wird. Neben dieser positiven Eigenschaft erkennt man jedoch, wenn man den Lösungsverlauf analysiert, daß das Verfahren mit Annäherung an das Minimum an Effektivität verliert. Es bietet sich also an, dieses Verfahren mit einem Verfahren mit lokaler Konvergenz zu kombinieren.

Das erweiterte Polytopverfahren wird sehr häufig für die Lösung von ingenieurtechnischen Problemen verwendet. Es ist ein zuverlässiges und robustes Lösungsverfahren für Optimierungsprobleme mit nichtdifferenzierbaren Zielfunktionen und Nebenbedingungen.

Numerische Experimente lassen es zweckmäßig erscheinen, die Unzulässigkeit eines Startpunktes im Programm anzuzeigen.

5.2. Ableitungsbehaftete Verfahren

Für nichtlineare restringierte Optimierungsprobleme, für die Stetigkeits- und/oder Differenzierbarkeitsannahmen gelten, werden Verfahren beispielhaft aus mehreren Klassen von Lösungsmethoden dargestellt. Abschnitt 5.2.1 behandelt ein Verfahren, das auf der Idee der sequentiellen quadratischen Approximation des nichtlinearen Ausgangsproblems beruht. Dies hat sich als besonders erfolgreich erwiesen.

Für große nichtlineare Optimierungsprobleme mit schwachbesetzten linearen oder nichtlinearen Nebenbedingungen hat sich das Vorgehen der verallgemeinerten reduzierten Gradienten bewährt. Sein Aufbau ist jedoch so vielschichtig, daß sich eine Darstellung und Implementierung im Rahmen dieses Buches nicht anbietet. Demgegenüber wurde das erweiterte Newton-Verfahren aufgenommen welches im Trend der Untersuchungen der letzten Jahre liegt. Ein bekanntes Softwarepaket ist zu diesen Verfahren MINOS oder MINOS/AUGMENTED (siehe auch [33]). Ein Beispiel für die Berücksichtigung von Nebenbedingungen durch Straffunktionen geben wir in 5.2.3.

5.2.1. Das Verfahren der sequentiellen quadratischen Approximation

Grundlagen des Verfahrens

Das Wilson-Verfahren dient zur Bestimmung eines Kuhn-Tucker-Punktes $z^* = (u^*, x^*)^T$ der nichtlinearen Optimierungsaufgabe

$$f(x) = \min! \tag{1}$$

bei

$$x \in \mathbb{R}^n, \quad g_i(x) \le 0, \quad i = 1, \ldots, m.$$

Ein solcher Punkt ist dadurch gekennzeichnet, daß für ihn die folgenden Gleichungen und Ungleichungen erfüllt sind (*Kuhn-Tucker-Bedingungen*):

$$L(x^*, u^*) = 0, \quad g(x^*) \le 0, \quad i = 1, \ldots, m,$$

(2)

$$u_i^* g_i(x^*) = 0, \quad i = 1, \ldots, m, \quad u_i^* \ge 0, \quad i = 1, \ldots, m,$$

wobei $L(x,u) = f(x) + \sum_{i=1}^{m} u g_i(x_i)$ die zu (1) gehörende Lagrange-Funktion ist.

Das System (2) stellt notwendige Optimalitätsbedingungen für die Aufgabe (1) dar, d.h., es gilt:

Ist x^* Lösung der Aufgabe (1), existiert ein Vektor $\overset{*}{u} \in \mathbb{R}$, so daß $z^* = (x^*, u^*)^T$ den Beziehungen (2) genügt. Eine Linearisierung der nichtlinearen Funktion in (2) in der vorliegenden Näherung $z^k = (x^k, u^k)^T$ eines Kuhn-Tucker-Punktes $z^* = (x^*, u^*)^T$ führt auf notwendige Optimalitätsbedingungen für die folgende quadratische Optimierungsaufgabe:

$$[\nabla f(x^k)]^T (x - x^k) + \frac{1}{2} (x - x^k)^T L_{xx} (x^k - x^k) = \min! \tag{3}$$

bei

$$g_i(x_i^k) + [\nabla g_i (x^k)]^T (x - x^k) \le 0, \quad i = 1, \ldots, m.$$

Unter Verwendung eines Kuhn-Tucker-Punktes $w^k = (y^k, v^k)^T$ von (3) bestimmt man $z^{k+1} = (x^{k+1}, u^{k+1})^T$. Im vorliegenden BASIC-Programm P.5.6. erfolgt dies gemäß

$$z^{k+1} = w^k.$$

Dann wiederholt man die Linearisierung.

Das Wilson-Verfahren hat sich als eine sehr leistungsfähige Methode zur Lösung nichtlinearer Optimierungsaufgaben erwiesen. Aus der Interpretation als Newton-Verfahren zur Bestimmung einer Lösung von (3) resultiert die lokale quadratische Konvergenz des Verfahrens (vgl. Robinson [42], [43]).

Aufbau des Algorithmus

S0: Wähle einen Punkt $z^0 = (x^0, u^0)^T \in \mathbb{R}^n \times \mathbb{R}_+^m$ sowie eine Abbruchschranke $\varepsilon > 0$.

S1: Bestimme $w^k = (y^k, v^k)^T$ als KUHN-TUCKER-Punkt der quadratischen Optimierungsaufgaben

$$\left(\nabla f(x^k)\right)^T (x - x^k) + \frac{1}{2} (x - x^k)^T L_{xx}(x^k, u^k)(x - x^k) = \min!$$

bei

$$g_i(x^k) + \left(\nabla g_i(x^k)\right)^T (x - x^k) \le 0, \qquad i = 1, \ldots, m.$$

S2: Falls $\|w^k - z^k\| \le \varepsilon$ ist, setze $z^* = w^k$. Stop.

S3: Setze $z^{k+1} = w^k$, $k = k + 1$, und gehe zu S1.

Beispiel

Gesucht ist das Minimum der Funktion

$$f(x) = (x_1 - 4)^2 + (x_2 - 4)^2$$

unter der Nebenbedingung

$$g(x) = x_1^2 + x_2^2 - 1 \le 0.$$

Mit dem Startpunkt

$$z^0 = (x^0, u^0)^T = (1, 1, 1)^T$$

wurde nach 4 Iterationsschritten die Näherung

$$z^4 = (x^4, u^4)^T = (0.707107, 0.707107, 4.66487)^T$$ erreicht.

Der Zielfunktionswert beträgt

$$f(x^4) = 21.6863.$$

Die exakte Lösung der Aufgabe ist der Punkt

$$x^* = \begin{pmatrix} 0.707107 \\ 0.707107 \end{pmatrix}$$

mit dem minimalen Zielfunktionswert $f(x^*) = 21.6863$.

Weiterführende Bemerkungen

Eine ganze Reihe von Arbeiten zum Wilson-Verfahren beschäftigen sich mit der Approximation der HESSE-Matrix der LAGRANGE-Funktion [16, 25, 41, 46,].Die vorgeschlagenen Modifikationen beinhalten Rang-Eins-Aufdatierung bzw. konsistente Approximationen. Sie können durch geringfügige Änderungen des vorliegenden PASCAL-Programms realisiert werden (vgl. Abschnitt 4.2.4 und 4.2.5).

Die lokale überlineare Konvergenz des Verfahrens bleibt erhalten. Die Konvergenz von einem beliebigen Startpunkt aus kann durch eine Globalisierungsvorschrift erreicht werden. Eine einfache Möglichkeit hierzu bietet die Dämpfung in Fortschreitungsrichtung. S2 des Verfahrens wird so abgeändert, daß als Iterierte z^{k+1} ein Punkt gewählt wird, welcher auf der Verbindungsgerade zwischen z^k und u^k liegt. In ihm muß ein Bewertungsfunktional, z.B.

$$F(z) = \|L_x\|^2 + \sum g_i^{+}(x)^2 + |x^T g(x)|$$

hinreichend starken Abstieg gegenüber z^k aufweisen.
S2 geht damit über in

S2': $\quad z^{k+1} = z^k + \lambda_k (w^k - z^k)$

mit

$$\lambda_k = \underset{0 \le \lambda \le 1}{\operatorname{argmin}} \; F^k\left(z^k - \lambda(w^k - z^k)\right).$$

Die Einbeziehung in das Programm kann durch Einführung des PASCAL-Programms zur Methode des goldenen Schnittes als Unterprogramm in das PASCAL-Programm zum WILSON-Verfahren erfolgen.

Andere Globalisierungsmöglichkeiten, wie
- Einbettungsverfahren
- hybride Verfahren
- Regularisierungsvarianten,

welche auf das Wilson-Verfahren zurückgreifen, sind in den vergangenen Jahren erfolgreich auf Großrechnern erprobt worden. Weiterführende Informationen hierzu findet man in [5], [27], [28] und [46].

In der Endphase des Wilson-Verfahrens bleibt unter bestimmten Bedingungen die Menge der aktiven Restriktionen der quadratischen Teilprobleme konstant. Sie stimmt dann mit der Menge der aktiven Restriktion im Optimalpunkt überein. Hierzu resultiert die Möglichkeit, lokal nur noch quadratische Optimierungsaufgaben mit Gleichungsrestriktionen zu betrachten.
Dies führt auf die Behandlung von Gleichungssystemen in der Endphase der Rechnung. Diese bei BEST/BRÄUNINGER/ROBINSON [2] bzw. bei KLEINMICHEL/ RICHTER/SCHÖNEFELD [28] diskutierte Vorgehensweise kann hier nicht ausführlicher beschrieben werden.

5.2.2. Erweitertes Newton-Verfahren

Grundlagen des Verfahrens

Bei dem in diesem Abschnitt vorgeschlagenen Verfahren zur Lösung der Aufgabe

$$f(x) = \min! \tag{1}$$

bei

$$g_i(x) \le 0, \quad i = 1, \ldots, m,$$

geht man ebenfalls (vgl. 5.3.2) von den Kuhn-Tucker-Bedingungen aus. Ein Teil dieses Systems von Gleichungen und Ungleichungen

$$L_x(x,u) = \nabla f(x) + \sum_{i=1}^{m} u_i \nabla g_i(x) = 0, \tag{2}$$

$$u_i \ge 0, \quad g_i(x) \le 0, \quad u_i g_i(x) = 0$$

wird durch Einführung von Schlupfvarianten $t = (t_1, \ldots, t_m)^T$ in ein nichtlineares Gleichungssystem verwandelt:

$$f(x) + \sum_{i+1}^{m} u_i g_i(x) = 0,$$

$$g_i(x) + t_i = 0, \quad i = 1, \ldots, m,$$

$$u_i t_i = 0, \quad i = 1, \ldots, m.$$

Bei der Behandlung von (3) ist dann "nur" darauf zu achten, daß lediglich Lösungen interessieren, welche den zusätzlichen Bedingungen $u_i \ge 0$, $i = 1, \ldots, m$, und $t_i \ge 0$, $i = 1, \ldots, m$, genügen. Hierfür wird das Newton-Verfahren zur Lösung von (3) gerade so modifiziert, daß ausgehend von positiven Startwerten u_i^0, $i = 1, \ldots, m$, und t_i^0, $i = 1, \ldots, m$, die Nichtnegativitätsbedingung erhalten bleibt.

Unter den Standardvoraussetzungen

a) die Vektoren $\nabla g_i(x)$ sind linear unabhängig für $i \in I$ (Regularitätsbedingung),

b) aus $u_i > 0$ folgt t_i (strenge Komplimentaritätsbedingung),

c) $y^T L_{xx}(x^*, u^*)\, y > 0$ für $y \ne 0$ mit $y^T \nabla g_i(x) = 0$ $(i \in I)$, (hinreichende Kuhn-Tucker-Bedingung 2. Ordnung) erreicht man lokal quadratische Konvergenz, d.h., bei hinreichend nahe an $(x^*, u^*, t^*)^T$ gelegenen Startpunkten $(x^0, u^0, t^0)^T$ besitzt die erzeugte Folge von Iterationen $\{z^k\} = \{(x^k, u^k)^T\}$ die Eigenschaft, daß

$$\|z^{k+1} - z^*\| \leq C \|z^k - z^*\|^2$$

gilt.

Aufbau des Algorithmus

S0: Wähle $\varepsilon > 0$ und Startvektoren x^0, $u_i^0 > 0$, $t_i^0 > 0$, $i = 1, \ldots, m$.
Setze $k = 0$.

S1: Setze $I_k = \left\{ i \in \{1, \ldots, m\} : u_i^k > \varepsilon \right\}$.
Bestimme s^k, p^k) = (p_i^k) mit $i \in I_k$ als Lösung von

$$\begin{bmatrix} H_k & A_k \\ A_k^T & -D_k \end{bmatrix} \begin{bmatrix} s \\ p \end{bmatrix} + \begin{bmatrix} L_x(x^k, u^k) \\ \bar{g}^k \end{bmatrix} = 0,$$

wobei $H_k = H(x^k, u^k) = L_{xx}(x^k, u^k)$ ist und die Matrix A_k die Gradienten der Restriktion enthält, deren Indizes i zu I_k gehören:

$$A_k = (\ldots \nabla g_i(x^k) \ldots).$$

Außerdem ist hierbei

$$\bar{g}_i^k = (g_i(x) - t_i^k) \qquad (i \in I_k),$$

$$D_k = \operatorname{diag}(\bar{t}^k)$$

wobei die Komponenten von $\bar{t}^k$ berechnet werden aus $\bar{t}_i^k = t_i^k / u_i^k$ $(i \in I_k)$.

S2: Falls $\|s^k\| \leq \varepsilon$ ist setze $x^* = x^k$. Stop.

S3: Setze $x^{k+1} = x^k + s^k$ und für $i \in I_k$

$$u_i^{k+1} = u_i^k \left[1 + \frac{p_i^k}{2u_i^k} \right]^2, \qquad t_i^{k+1} = t_i^k \left[\frac{p_i^k}{2t_i^k} \right]^2.$$

S4: Setze für $i \notin I_k$

$$q_i^k = [\nabla g_i(x^k)^T s^k + g_i(x^k) + t_i^k]$$

und

$$u_i^{k+1} = u_i^k \left[\frac{q_i^k}{2t_i^k} \right]^2, \qquad t_i^{k+1} = t_i^k \left[1 + \frac{g_i^k}{2t_i^k} \right]^2 .$$

S5: Setze $k = k + 1$ und gehe zu S1.

Das PASCAL-Programm realisiert diesen Algorithmus.

Beispiel

Mit dem erweiterten Newton-Verfahren wurde eine Näherungslösung für einen KUHN-TUCKER-Punkt des ROSEN-SUZUKI-Problems

$$f(x) = x_1^2 + x_2^2 + 2x_3^2 + x_4^2 - 5x_2 - 5x_2 - 21x_3 + 7x_4 = \min!$$

bei

$$g_1(x) = x_1^2 + x_2^2 + x_3^2 + x_4^2 - x_1 - x_2 + x_3 - x_4 - 8 \le 0,$$

$$g_2(x) = x_1^2 + x_2^2 + x_3^2 + 2x_4^2 - x_1 - x_2 - x_4 - 10 \le 0,$$

$$g_3(x) = 2x_1^2 + x_2^2 + x_3^2 + 2x_1 - x_2 + x_4 - 5 \le 0$$

ermittelt. Der exakte Lösungspunkt ist $x^* = (0, 1, 2 -1)^T$; der Vektor der zugehörigen dualen Variablen lautet $u^* = (1, 0, 2)^T$. Die Zielfunktion besitzt in x^* den Wert $f(x^*) = -44.0$. Begonnen wurde die Rechnung im Punkt

$$(x^0, u^0, t^0\ )^T = (0, 0, 0, 0, 1, 1, 1, 1, 1, 1,)^T$$

und nach 9 Iterationen mit der exakten Lösung beendet. Dabei war $\varepsilon = 10^{-4}$.

Weiterführende Bemerkungen

Die Transformation von Optimierungsaufgaben in nichtlineare Gleichungssysteme durch das Einführen von Schlupfvariablen ist seit längerer Zeit bekannt (vgl. z.B. [8]).

Die hier gewählte Möglichkeit ist wegen der Steuerung der Komponenten des Vektors t bemerkenswert. Sie wurde in [26] publiziert, wo man auch Teile der angegebenen Implementierung wiederfindet.

Außerdem ist bemerkenswert, daß sich das erweiterte Newton-Verfahren zur Optimierung als eine Kombination von Aktive-Restriktionen-Strategie und Regularisierungsmethode interpretieren läßt. Da auf beiden Gebieten in letzter Zeit eine ganze Reihe von Publikationen erschienen sind, ist mit einer beachtenswerten Weiterentwicklung der dargestellten Vorgehensweise zu rechnen. Interessierende Fragen sind hierbei die Abschwächung der Konvergenzvoraussetzungen und die Globalisierung des Verfahrens.

5.2.3. Verfahren mit Straffunktionen

Grundlagen des Verfahrens

Klassische Verfahren mit Straffunktionen lösen die Aufgabe

$$f(x) = \min! \tag{1}$$

bei

$$g_i(x) \leq 0, \qquad i = 1, \ldots, m, x \in \mathbb{R}^n,$$

dadurch, daß eine Folge von Minimierungsproblemen ohne Nebenbedingungen behandelt wird. Bei diesen Problemen ändert man die Zielfunktion derart ab, daß durch hinzugefügte Strafterme das Verletzen gewisser Nebenbedingungen bestraft wird und man durch hinzugefügte Barriereterme das Erfülltsein der restlichen Nebenbedingungen erzwingt.

Ein Beispiel für eine Familie solcher Straf-Barriere-Funktionen ist

$$E(x, r) = f(x) + r \sum_{i \in I_S} \max\{0, g_i(x)\} + \frac{1}{r} \sum_{i \in I_B} \left[- \frac{1}{g_i(x)}\right], \tag{2}$$

welche vom Parameter r abhängt. Für $m = n = 1$ und $I_S = \emptyset$ bzw. $I_B = \emptyset$ sind Ausgangsproblem und zugehörige Straf-Barriere-Funktionen in Abb. 8 dargestellt.

Ausgehend von einem Startpunkt x^0 mit $g_i(x^0) < 0$ wird der Iterationspunkt x^{k+1} dadurch ermittelt, daß man die Aufgabe

$$E(x, r_k) = \min! \tag{3}$$

mit dem Startpunkt x^k näherungsweise löst und anschließend $r_{k+1} = c r_k$ mit $c > 1$ setzt. Zur besseren Berücksichtigung von Straf- bzw. Barriereeinfluß wird oft, so auch im folgenden, zwischen Strafparameter r_{Sk} und Barriereparameter r_{Bk}

terschieden. Es wird also anstelle von (2)

$$x, r_S, r_B) = f(x) + r_S \sum_{i \in I_S} \max \{0, g_i(x)\} - r_B \sum_{i \in I_B} (g_j(x))^{-1} \quad (2')$$

rwendet. Von der erzeugten Folge $\{x^k\}$ kann gezeigt werden, daß e unter Standardvoraussetzungen gegen eine Lösung x^* der Aufbe (1) konvergiert.

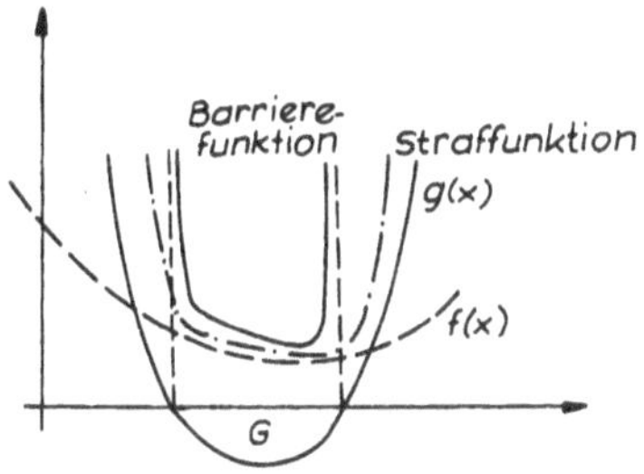

bb. 8: PRINZIP DES STRAF-BARRIERE-VERFAHREN

Die skizzierte Vorgehensweise hat den Nachteil, daß die Parameerfolgen $\{r_{Sk}\}$ und $\{r_{Bk}\}$ gegen Unendlich bzw. gegen Null treben. Dies bringt Probleme in der numerischen Behandlung von 3) mit sich. Deshalb sind Modifikationen sinnvoll, welche schon ür endliche Parameterwerte $\{r_B, r_S\}$ eine beliebig genaue Annäheung an die Lösung in (1) erlauben.
rachtet hierzu gestörte Probleme der Form

$$f(x) = \min!$$

ei

$$g_i(x) - \nu_i \leq 0, \qquad i = 1, \ldots, m,$$

und ändert nicht nur die Parameter r_B und r_S, sondern auch den Störungsvektor v, während sich die Störung v^k ändert.

Auf der dargestellten Shifting-Technik beruht die im PASCAL-Programm vorliegende Implementierung. Ausgehend von Anfangsbelegungen $r_{S,0} = 10$ und $r_{B,0} = 0.1$ werden zwei Situationen unterschieden.

1. Es werden Straf-Barriere-Parameter und Störungen geändert. Dann ergibt sich

$$r_{B,k+1} = 0.1 r_{B,k}, \qquad r_{S,k+1} = 10 r_{S,k},$$
$$\nu_i^{k+1} = 0.1 \nu_i^k .$$

2. Es wird nur die Störung geändert. Man erhält

$$r_{B,k+1} = r_{B,k}, \qquad r_{S,k+1} = r_{S,k},$$
$$\nu_i^{k+1} = v_i^k + g_i(x^k) \quad \text{für} \quad i \in I_B,$$
$$\nu_i^{k+1} = \max\{0, \nu_i^k + g_i(x^k)\} \quad \text{für} \quad i \in I_S.$$

Die Einteilung der Indexmengen I_S und I_B ist vom Nutzer des Programms selbst vorzugeben, desgleichen die Anzahl der zu jedem Störungsparameter zu lösenden gestörten Probleme.

Zur Behandlung der Minimierungsaufgabe ohne Nebenbedingungen wird die Rang-Eins-Aufdatierung genutzt, welche im Abschnitt 4.2.4 beschrieben ist.

Aufbau des Algorithmus

S0: Wähle einen Startpunkt $x^0 \in \mathbb{R}^n$, ein $\varepsilon > 0$ und Indexmengen I_S, I_B mit $g_i(x^0) < 0$ für $i \in I_B$ sowie Parameter $r_{B,0}$, $r_{S,0}$ und Störungen ν_i^0, $i = 1, \ldots, m$.
Gib eine Zahl p von Teilproblemen vor, welche zu festen Straf- und Barriereparametern gelöst werden.
Setze $t = 0$, $k = 0$.

S1: Setze $t = t + 1$

S2: Ermittle ausgehend von x^k den Punkt x^{k+1} als Minimum der Funktion (4).

S3: Falls $|E(x^{k+1}, \nu^k, r_{S,k}, r_{B,k}) - f(x^k)| \le \epsilon$, so ist $x^* = x^{k+1}$ Lösung.

Stop.

S4: Falls $t < p$: Setze

$$\nu_i^{k+1} = \nu_i^k + g_i(x^k) (i \in I_B),$$

$$\nu_i^{k+1} = \max(0, \nu_i^k + g_i(x^k)) \quad (i \in I_S).$$

S5: Falls $t = p$: Setze

$$\nu_i^{k+1} = 0.1\nu_i^k,$$

$$r_{B,k+1} = 0.1 r_{B,k},$$

$$r_{S,k+1} = 10 r_{S,k},$$

$$t = 0$$

S6: Setze $k = k + 1$ und gehe zu S1.

Das PASCAL-Programm "sb.pas". realisiert diesen Algorithmus.

Beispiel

Mit dem Straf-Barriere-Verfahren wurde das Minimum der Funktion

$$f(x) = (x_1 - 4)^2 + (x_2 - 4)^2$$

unter der Nebenbedingung

$$g(x) = x_1^2 + x_2^2 - 1 \le 0$$

näherungsweise bestimmt. Die Nebenbedingung wurde im Strafterm berücksichtigt. Abbruchschranke war $\varepsilon = 10^{-4}$. Als Startwert für $r_{S,0}$ diente $r_{S,0} = 10$.

Jeweils 4 Teilprobleme wurden mit festem Parameter gelöst. Als akzeptierte Lösung ergab sich $x^{33} = (0.694411;0.7195712)^T$ mit $f(x^{33}) = 21.68813$.

Weiterführende Bemerkungen

Die Idee der Verwendung von Straffunktionen geht bereits auf COURANT [6] zurück.

Besonders durch das Buch von FIACCO-MCCORMICK [8] im Jahr 1968 wurde eine intensive Untersuchung von Straf-Barriere-Methoden eingeleitet. Sie führte zu

- Multiplikatoren-Methoden (POWELL 1969 [38])
- Verschiebungsmethoden (WIERZBICKI [49])

- Proximal-Point-Algorithmen (ROCKAFELLAR [44]).

Die dabei aufgezeigten Lösungstechniken zeichnen sich durch ein global robustes Verhalten aus, d.h., mit ihnen lassen sich auch relativ komplizierte Optimierungsaufgaben behandeln. Die Konvergenz ist jedoch oft lokal recht langsam. Deshalb wurden in jüngster Zeit derartige Methoden mit lokal überlinear konvergenten Verfahren gekoppelt (vgl. [2],[28]). Straf-Barriere-Techniken haben auch für Optimierungsprobleme in allgemeinen Räumen Bedeutung.

Eine Übersicht über Straf-Barriere-Methode wird in [14] und [10] gegeben.

Literatur

[1] BEST, M.J.: Equivalent of some quadratic programming algorithms. Working paper. Univ. of Waterloo, Ontario 1982.

[2] BEST, M.J., BRÄUNINGER, J., RITTER, K., ROBINSON, S.M.: A globally an quadratically convergent algorithm for general nonlinear programming problems. Computing 26 (1981), 141-153.

[3] BOX, M.J.: A new method of constrained optimization and a comparison with other methods. The Comp. J. 8 (1965), 42-52.

[4] BURGER, R.M., CAVIN, R.K., HOLTON, W.C., LUMNEY, L.W.: The impact of IC's on computer technology, Computer 17 (1984), 88-95.

[5] BURKHARDT, S., LEHMANN, R.: Zur numerischen Durchführbarkeit von Prädikator-Korrektor-Verfahren nichtlinearer Optimierung. Studie, TU Dresden, Sektion Mathematik, 1983.

[6] COURANT, R.: Variational methods for the solution of problems of equilibrium and vibration. Bulletin An. Math. Soc. 49 (43), 1-23.

[7] DENNIS, J.R., SCHNABEL, B.: Numerical methods for unconstrained optimization and nonlinear equations. Prentice Hall, New Jersey 1983.

[8] FIACCO, A.V., McCORMICK, G.P.: Nonlinear programming: sequential unconstrained minimization techniques. Wiley, 1968, und Mir, Moskau 1972.

[9] FLETCHER, R.: Practical methods of optimization. Vol. 2: Constrained optimization. Wiley, Chicester 1981.

[10] GILL, Ph.E., MURRAY, W., WRIGHT, M.H.: Practical optimization, Academic Press, 1981.

[11] GOLDMANN, M.: Einige Erläuterungen zum Khachiyan-Verfahren. Zeitschr. für Operations Research 25 (1981), B 95-B 112.

[12] GRAUER, M.: Optimierung verfahrenstechnischer Systeme. In: Verfahrenstechnische Berechnungsmethoden, Teil 6, Verfahren und Anlagen. Deutscher Verlag für Grundstoffindustrie, Leipzig 1983, 110-151.

[13] GRAUER, M., GRUHN, G., POLLMER, L.: Optimization of a complex plant by a GRG algorithm. Comp. & Chem. Eng. 3 (1979), 597-602.

[14] GROSSMANN, Ch., KAPLAN, A.A.: Verallgemeinerte Straf- und Barriereverfahren. Teubner-Verlag, Leipzig 1981.

[15] GRUHN, G., GRAUER, M., POLLMER, L.: Eine Verfahrens- und Anlagen- optimierung mit einem modifizierten Complex-Verfahren. Chem. Technik 31 (1979), 603-607.

[16] HAN, S.P.: Superlinearly convergent variable metric algorithms for general nonlinear programming problems. Math. Programming 11 (1976), 263-282.

[17] HEUCKROTH, M.W., GADDY, J.L., GAINES, L.D.: An adaptive random search technique. AICHE-J. 22 (1976), 744-750.

[18] HIMMELBLAU, D.M.: Applied nonlinear programming. McGraw-Hill, New York 1972, und Mir, Moskau 1975.

[19] HOOKE, R., JEEVES, T.A.: Direct search solution of numerical and statistical problems. J. Assn. Comp. Mach. 8 (1961), 212-229.

[20] JUNGNICKEL, H.-G.: 15 Jahre erfolgreiche Beteiligung der DDR am Einheitlichen System Elektronischer Rechenmaschinen (ESER). Rechentechnik/Datenverarbeitung 21 (1984), 5-8.

[21] KELLEY, J.E.: The cutting plane method for solving convex programs. J. SIAM 8 (1960), 703-712.

[22] KARMARKAR, N.: A new polynomial-time algorithm for linear programmingCombinatorica 4 (1984), 373-395.

[23] KHACHIYAN, L.G.: A polynomial algorithm in linear programming. Dokl. Ak. Nauk SSSR 244 (1979), 1093-1096.

[24] KLEIBOHM, K.: Ein Verfahren zur approximativen Lösung von konvexen Programmen. Dissertation, Universität Zürich, 1966.

[25] KLEINMICHEL, H.: Zur Anwendung von Quasi-Newton-Verfahren in der nichtlinearen Optimierung. Dissertation B, TU Dresden, 1982.

[26] KLEINMICHEL, H., SCHÖNEFELD, K.: Newton-type methods for nonlinearly constrained problems. Part 1. To appear in Optimization.

[27] KLEINMICHEL, H., KOCH, W., RICHTER, C., SCHÖNEFELD, K.: Überlinear konvergente Verfahren der nichtlinearen Optimierung. Studientext, TU Dresden, 1985.

[28] KLEINMICHEL, H., RICHTER, C., SCHÖNEFELD, K.: On the global and superlinear convergence of a discretized version of Wilson's method. Computing **29** (1982), 289-307.

[29] KÜNZI, H.P., KRESLLE, W.: Nichtlineare Programmierung. Springer- Verlag, Berlin 1982.

[30] LASDON, L.S.: Optimization theory for large systems. Mac Millan, 1970, und Mir, Moskau 1975.

[31] LOOTSMA, F.: Ranking of nonlinear programming codes according of efficience and robustness. In: COLLATZ, L., MEINARDUS, G., WETTERLIN, W. (Hrsg.): Konstruktive Methoden der nichtlinearen Optimierung. Birkhäuser, Basel 1980.

[32] MORE, J.J., SORENSEN, D.C.: On the use of direction of negative curvature in a modified Newton method. Math. Programming **16** (1979), 1-20.

[33] MURTAGH, B.A.: Advanced linear programming: computation and practice. McGraw-Hill, 1981, und Mir, Moskau 1984.

[34] NELDER, J.A., MEAD, R.: A simplex method for function minimization. The Comp. J. 7 (1965), 308-313.

[35] PALLASCHKE, D.: A note on the Khachiyan update formulas. Mitteilungen der Math. Ges. der DDR, 1986.

[36] POLÁK, E., RIBIERE, G.: Note sur la convergence de méthodes de directiones conjuqueés. RAIRO Anal. Num. **3** (1969), 35-43.

[37] POWELL, M.J.D.: A new algorithm for unconstrained optimization. In: ROSEN, J. B., MANGASARIAN, O.L., RITTER, K. (eds.): Nonlinear Programming. Academic Press, New York 1970.

[38] POWELL, M.J.D.: A method for nonlinear constraints in minimization problems. Optimization Academic Press, London 1969.

[39] RICHTER, C.: Cutting plane methods in convex optimization. In: PREKOP (ed): 12. Colloquia Mathematica Societatis Janos Bolyai, Eger 1974, 757-769.

[40] RICHTER, C.: Zur globalen Konvergenz des gedämpften Wilsonverfahrens. Math. Operationsforschung und Statistik 10 (1979), 213-218.

[41] RICHTER, C.: Über Mehrschrittverfahren der nichtlinearen Optimierung. ZAMM 60 (1980), 129-136.

[42] ROBINSON, S.M.: A quadratically convergent algorithm for general nonlinear programming problems. Math. programming 3 (1972), 145-156.

[43] ROBINSON, S.M.: Perturbed Kuhn-Tucker-Points and rates of convergence for a class of nonlinear programming algorithms. Math. programming 7 (1974), 1-16.

[44] ROCKAFELLAR, R.T.: Augmented Lagrangians and applications of the proximal point algorithm in convex programming. Math. Operation Research 1 (1976) 2, 97-116.

[45] SCHITTKOWSKI, K.: Nonlinear programming codes. Lecture notes in economics and mathematical systems. Springer-Verlag, Berlin 1980.

[46] SCHITTKOWSKI, K.: Computational mathematical programming. Springer- Verlag, 1985.

[47] SCHWETLICK, H.: Numerische Lösung nichtlinearer Gleichungen. Dt. Verlag d. Wiss., Berlin 1979.

[48] TOPKIS, D.M.: Cutting plane methods without nested constraint sets. Operations Research 18 (1970), 404-413.

[49] WIERZBICKI, A.P., KURCYUSZ, S.: Projections on a cone, penalty functionals and duality theory for problems with inequality constraints in Hilbert spaces. SIAM J. Control and Opt. 15 (1977), 25-56.

[50] ZIELINSKI, R., NEUMANN, P.: Stochastische Verfahren zur Suche nach dem Minimum einer Funktion. Akademie-Verlag, Berlin 1983.

NUOP

Nutzerunterstützung für die mathematische Optimierung

Beispiele, Nutzeroberfläche, PASCAL-Programme.

Beispiel für Eingabedialog und Ergebnisausgabe

```
minimiere f(x)=x1^4-2*x1^3+x2^2+x1^2-x2^2-4*x1*x2+3
bei
-2<=x1<=6,  -2<=x2<=6.
```

Es wird das erweiterte Polytopverfahren benutzt. Eingaben des Nutzers sind fett dargestellt. Sie werden stets durch <Enter> abgeschlossen. Erläuterungen zum Eingabedialog sind in geschweifte Klammern eingeschlossen.

```
nuop<ENTER> { Aufruf des Programms nuop }
-----------------------------------------------------------------
                      N U O P
N U T Z E R U N T E R S T U E T Z U N G   F U E R   D I E
   M A T H E M A T I S C H E   O P T I M I E R U N G

1     L I N E A R E   O P T I M I E R U N G
2     Q U A D R A T I S C H E   O P T I M I E R U N G
3     A L L G E M E I N E   N I C H T L I N E A R E
      O P T I M I E R U N G

3<E N T E R>
-----------------------------------------------------------------

1 Ohne Nebenbedingungen
2 Mit Nebenbedingungen

2<E N T E R>
-----------------------------------------------------------------
Auswahl des Loesungsverfahrens:
1  Adaptive  Zufallssuche
2  Erweitertes  Polytopverfahren
3  Sequentielle  quadratische  Approximation
4  Erweitertes  NEWTON-Verfahren
5  Straf-  und  Barriereverfahren

2<E N T E R>
-----------------------------------------------------------------

Nichtlineare beschraenkte Optimierung (g<=0)
Erweitertes Polytopverfahren

Name des Eingabefiles mit den Problemdaten
(sofort <Enter>: Dialogeingabe)                  :<E N T E R>

Eingabeabbruch mittels <!>

Dimension des Problems                     :    2
Anzahl der Nebenbedingungen
  (ohne untere und obere Schranken)        :    0
untere Schranke fuer Komponente 1          :   -2
untere Schranke fuer Komponente 2          :   -2
```

```
obere  Schranke  fuer  Komponente  1  :  8
obere  Schranke  fuer  Komponente  2  :  8
Startnaeherung  x0  (Komponente  1)  :  3
Startnaeherung  x0  (Komponente  2)  :  4
maximale Iterationszahl               :  100
Abbruchschranke                       :  1e-3
Reflexionskoeffizient                 :  1
Kontraktionskoeffizient               :  0.5
Expansionskoeffizient                 :  1.2
```

```
      E I N G A B E    Z I E L F U N K T I O N

Eingabe der Funktion ist in 2 Formen (auch kombiniert)
moeglich.
(1)       summandenweise in der Form a*x1^m1 * x2^m2 * ...*xn^mn
          durch Eingabe der Koeffizienten und Exponenten
(2)       geschlossene Eingabe der Formel (oder des Restes) der
          Funktion.
Eingabe der Funktion in der Form : 1
Anzahl der Summanden              :     4

Summand  1  Koeffizient:  1   Exp1  =  4   Exp2  =  0
Summand  2  Koeffizient: -2   Exp1  =  3   Exp2  =  0
Summand  3  Koeffizient:  1   Exp1  =  0   Exp2  =  2
Summand  4  Koeffizient:  1   Exp1  =  2   Exp2  =  2

Es ist zu beachten :
alle in PASCAL implementierten Funktionen wie in PASCAL
verwendbar
zusaetzlich gibt es : ^ ,lg,log (Basis 10), ld (Basis 2),
lb(a)*b (log(a) zur Basis b)
Ausdruecke in runden Klammern mit beliebiger Schachtelungstiefe
Variable x1,x2 .. xn, Konstante pi,e als ex
Bsp:  sin(x1+x2)  x1^4  x2*x3  ld(8)  cos(pi)  exp(x1*x1)
Abschluss der Eingabe mit ET
Rest der Funktion :  -4*x1*x2+3<ENTER

Die gesamte Funktionsgleichung lautet
F = x1^4 - 2*x1^3 + x2^2 + x1^2*x2^2 -4*x1*x2+3
```

```
Die Problemdaten werden nun in ein File geschrieben!
Name des Files: erpoly.dat<ENTER>
```

Die Durchfuehrung der Rechnung ist von der Betriebssystemkommandoebene aus mittels nlo moeglich, wobei nach Anfrage das soeben erzeugte Datenfile erpoly.dat angegeben werden muss!

```
Soll ein neues Problem eingegeben werden? j/n n<ENTER>
{Beendigung von nuop}

nlo<ENTER> { Aufruf des Programms nlo }

Name des Files mit den Problemdaten: erpoly.dat<ENTER>
```

```
2: ausfuehrliche Ausgabe
1: nur Ausgabe der Endresultate

1<E N T E R>
```

```
E R W E I T E R T E S    P O L Y T O P V E R F A H R E N

******** Minimierung beendet **********
Abbruchtest erfuellt!

X1  1.61603545
X2  0.90581126

Iterationen:  44
Wert der ZF: -1.51250069

E N D E    D E R    R E C H N U N G !

( Beendigung von nlo )
```

Nutzerunterstützung für die mathematische Optimierung
(NUOP)

Quellfiles des Programmsystems

Quellfile	wichtige Haupt- und Unterprogramme	benötigte include-Files
nuopba.pas	pow, min, max, min0, max0, writ, antwort, rint, rreal, rline, interpretiere, rform, eingabef, zf, ablan.pas	
nuoplo.pas	lowf, lord, nuopl	nuopba.pas
nuopqo.pas	qowf, qord, nuopq	nuopba.pas
nuopnlo.pas	nlowf, nlord, nuopnl	nuopba.pas
nuop.pas	nuop(HP)	nuopba.pas, nuoplo.pas, nuopqo.pas, nuopnlo.pas
lo.pas	lorf, loi, lo(HP)	nuopba.pas, optlibl.pas
qo.pas	qorf, qoi, qo(HP)	nuopba.pas, optlibq.pas
nlo.pas	nlorf, HP	nuopba.pas, optlibnl.pas
optlibl.pas	sim, rsim, ellip, pro	nuopba.pas
optlibq.pas	qli, rela	nuopba.pas
optlibnl.pas	stoS, koS, ePoly, stAb, konGra, Newton, NewApp, qNewt, aZs, erPoly, sqA, erNewt, sb	nuopba.pas, optlibq.pas

Überblick über die PASCAL-Programme

Die im folgenden vorgestellten Programme (Haupt- und Unterprogramme) realisieren sowohl die Nutzerunterstützung als auch die einzelnen Optimierungsverfahren. Sie bilden zusammen das Programmsystem NUOP (Nutzerunterstützung für die mathematische Optimierung).

In der hier vorgestellten Fassung erfolgte zur Erhöhung der Übersichtlichkeit eine Zusammenfassung inhaltlich zusammengehörender Programme zu jeweils einem File, wobei einige Files von anderen als include-Files benutzt werden.

- Das File nuopba.pas enthält diejenigen Konstanten- und Typver-

einbarungen sowie Unterprogramme, die in mehreren Programmen benötigt werden und eine relativ allgemeine, problemunabhängige Bedeutung haben. Im File nuop.pas wird das Hauptmenü realisiert, in dem der Nutzer die jeweilige Problemklasse (lineare, quadratische oder allgemeine nichtlineare Optimierung) auswählen kann.

- *Die Programme in nuoplo.pas, nuopqo.pas und nuopnlo.pas realisieren wesentliche Teile der Nutzerunterstützung für die lineare, quadratische und allgemeine nichtlineare Optimierung. Sie enthalten Unterprogramme zur Auswahl des Verfahrens, zur Eingabe der Problemdaten im Dialog und zur Ausgabe der Problemdaten in ein File.*

- *Die Programme in lo.pas, qo.pas und nlo.pas realisieren die Bereitstellung der zur Durchführung des gewünschten Verfahrens benötigten Daten aus einem zuvor erzeugten Problemfile. Sie enthalten ein Unterprogramm zum Einlesen der Daten vom Problemfile und ein Unterprogramm, welches nach dem Einlesen der Problemdaten das in einem anderen Quellfile enthaltene Unterprogramm zur Durchführung des gewünschten Verfahrens aufruft. Das in jedem dieser Files enthaltene Hauptprogramm steuert, ob die Ausgaben bei der Durchführung des Verfahrens über die Standardausgabe, also in der Regel auf den Bildschirm, oder in ein vom Nutzer angegebenes File erfolgen. Falls zur Durchführung des Verfahrens 1. und evtl. 2. partielle Ableitungen der Zielfunktion und evtl. der Funktionen zur Beschreibung der Nebenbedingungen benötigt werden und diese noch nicht im Problemdatenfile enthalten sind, so wird der Nutzer zur Eingabe dieser Ableitungen aufgefordert. Enthält die Problemfunktion Summanden, die sich als Produkt von natürlichzahligen Potenzen der unabhängigen Variablen darstellen lassen, so werden hierfür die Ableitungen automatisch berechnet, und eine Eingabe durch den Nutzer ist nur für den Rest der Problemfunktion erforderlich. Anschließend werden sie in ein vom Nutzer angegebenes File geschrieben, welches für spätere Rechnungen vom Nutzer mit einem geeigneten Hilfsmittel (z.B. einem Editor) an das Ende des Problemdatenfiles angefügt werden kann.*

- *Die Files optlibl.pas, optlibq.pas und optlibnl.pas enthalten diejenigen Unterprogramme, die zur unmittelbaren rechnerischen Durchführung der einzelnen Verfahren benötigt werden. Die Eingabedaten müssen ihnen als Parameter übergeben werden. Zwischen- und Endresultate werden auch über die Standardausgabe ausgegeben, wobei der Grad der Ausführlichkeit vom Nutzer gesteuert werden kann.*

  Diese Files bilden eine Unterprogrammbibliothek zur mathematischen Optimierung, die neben ihrer Nutzung im hier vorgestellten System auch anderweitig genutzt werden kann.

Kurze Erläuterungen zu einigen Unterprogrammen:

Erläuterungen zur Funktion einzelner Unterprogramme sind angegeben, falls diese nicht bereits durch den Programmnamen, durch den Programmcode oder durch die im Quelltext enthaltenen Kommentare genügend erklärt ist.

-eingabef:

Ermöglicht die Definition einer skalaren Funktion von mehre-

ren Variablen, die durch eine analytische Formel darstellbar ist.
*Bei Summanden, die sich als Produkt von natürlichzahligen Potenzen der unabhängigen Variablen darstellen lassen, brauchen nur der Koeffizient und die zu den einzelnen Potenzen gehörenden Exponenten eingegeben werden (Bei f(x1,x2,x3):=-2*x1^3*x3 müssen eingegeben werden: -2 3 0 1).*
Der Rest der Funktion muß als Zeichenkette eingegeben werden,wobei für die unabhängigen Variablen die Bezeichnungen x1, x2,... verwendet werden müssen. Hierbei können auch die in TURBO-PASCAL verfügbaren mathematischen Standardfunktionen verwendet werden.

-zf:
Berechnet den Wert einer mittels eingabef definierten Funktion für gegebene Werte der unabhängigen Variablen.

-ablan:
Berechnet die Werte der 1. bzw. 2. partiellen Ableitungen einer mittels eingabef definierten Funktion für gegebene Werte der unabhängigen Variablen. Die Ableitungen des als Zeichenkette eingegebenen Teils der Funktion müssen zuvor ebenfalls als Zeichenkette eingegeben worden sein; die Ableitungen des anderen Teils der Funktion werden automatisch bestimmt.

```
(**********************************************)
(*** Konstanten, Typen und Unterprogramme ***)
(***      von allgemeiner Bedeutung   ***)
(**********************************************)

const
  MAXDIM=6;           {maximale Problemdimension}
  MAXCON=6;           {maximale Anzahl der NB}
  MAXD=6;             {Maximum von MAXDIM und MAXCON}
  MAXSUM=6;           {max. Anzahl der Summanden x1^p1*x2^p2*...*xn^pn
                       in einer Formel}
  MAXAB=3;            {hoechste Funktionsableitung + 1}
  MDPLUS1=7;          {MAXDIM+1}
  MCPLUS2=8;          {MAXCON+2}
  MAXDD=8;            {MAXD+2}
  MDPLUSC=13;         {MAXDIM+MAXCON+1}
  MDPCMAL2=27;        {2*MDPLUSC+1}
  MDMAL2=12;          {MAXDIM*2}
  PMAX=18;            {2*MAXCON+MAXDIM}
  MAXMNN=20;          {MAXCON+MAXCON+MAXDIM+2}
  LW=128;             {3*MAXDIM*MAXDIM div 2+10*MAXDIM+2*MAXCON+2}
  ABP=42;             {MAXDIM+MAXDIM*MAXDIM}

type
  str          =string[80];
  apstr        =array[1..ABP] of str;
  svcon        =array[1..MAXCON] of str;
  apvcon       =array[1..MAXCON] of apstr;
  helpstv      =array[1..2,1..8] of str;
  helpst4      =array[1..4] of str;
  rvd          =array[0..MAXDD] of real;
  rvdim        =rvd;
  rvcon        =rvd;
  rvdm2        =array[1..MDPCMAL2] of real;
  cvcon        =array[1..MAXCON] of char;
  rmdd         =array[0..MAXDD,0..MAXDD] of real;
  rmdimdim     =rmdd;
  rmcondim     =array[0..MCPLUS2,0..MDPLUS1] of real;
  rmconcon     =rmdd;
  rvdpc        =array[1..MDPLUSC] of real;
  rmdm2dpc     =array[1..MDPCMAL2,1..MDPLUSC] of real;
  rmdpcdpc     =array[1..MDPLUSC,1..MDPLUSC] of real;
  rmconp       =array[0..MAXCON,0..PMAX] of real;
  rvsum        =array[1..MAXSUM] of real;
  rvab         =array[1..MAXAB] of real;
  ivdim        =array[0..MDPLUS1] of integer;
  imsumdim     =array[1..MAXSUM,0..MDPLUS1] of integer;
  ivcon        =array[0..MCPLUS2] of integer;
  ivab         =array[1..MAXAB] of integer;
  rvsvcon      =array[1..MAXCON] of rvsum;
  imsvcon      =array[1..MAXCON] of imsumdim;
  rvp          =array[0..PMAX] of real;
  ivp          =array[0..PMAX] of integer;
  bvp          =array[0..PMAX] of boolean;
  umnn         =array [1..MAXMNN] of real;
  lwa          =array [1..LW] of real;


function pow(x:real; e:integer):real;
var p:real;
begin
if e=0 then p:=1;
if e>0 then p:=x*pow(x,e-1);
if e<0 then p:=1/pow(x,-e);
pow:=p;
end; {pow}


function min(a,b:real):real;
begin if a<b then min:=a else min:=b
end; {min}


function max(a,b:real):real;
begin if a>b then max:=a else max:=b
end; {max}
```

```
function min0(a,b:integer):integer;
begin if a<b then min0:=a else min0:=b
end; {min0}


function max0(a,b:integer):integer;
begin if a>b then max0:=a else max0:=b
end; {max0}
```

(*** Ausgabe einer real-Zahl in moeglichst kurzer Form ***)

```
function writ(x : real):str;
var  fw,prec,last,first:integer;
     eformat:boolean;
     st:str;
begin
fw:=16;  prec:=8;
if (abs(x)>=1e6)or((abs(x)<=1e-6)and(x<>0)) then
  eformat:=true else eformat:=false;
if eformat then begin
  str(x:fw,st); last:=pos('E',st)-1; end else begin
  str(x:fw:prec,st); last:=length(st); end;
while (last>0)and(st[last]='0') do begin
  last:=last-1; fw:=fw-1; prec:=prec-1; end;
if eformat then str(x:fw,st) else str(x:fw:prec,st);
first:=1; while st[first]=' ' do first:=first+1;
st:=copy(st,first,300); writ:=st;
end; {writ}
```

(*** Beantwortung einer Ja/nein-Frage durch den Nutzer ***)

```
function antwort:char;
var
 a:char;
 err:integer;
begin
repeat
  readln(a); err:=ioresult;
  if (a<>'j')and(a<>'n')and (a<>'J')and(a<>'N') then err:=1;
  if (err<>0) then begin
    insline; writeln('Fehlerhafte Eingabe!'); insline;
    write('Bitte Eingabe wiederholen: ');
  end;
until err=0;
if a='J' then a:='j'; if (a='N') then a:='n';
antwort:=a; end; {antwort}
```

(*** Dialogeingabe einer integer-Zahl ***)

```
function rint(minjn,maxjn: boolean; min,max:integer;
              var ab:boolean):integer;
(*
minjn=true bzw. maxjn=true bedeutet, dass die zulaessigen Werte nach unten
durch min bzw. nach oben durch max beschraenkt sind
*)

var
  i,err:integer;
  h:string[50];
begin
ab:=false; err:=0;
repeat
  readln(h);
  if (h[1]<>'!') then begin
    val(h,i,err);
    if (err=0) then begin
      if (minjn)and(i<min) then err:=1;
      if (maxjn)and(i>max) then err:=1;
    end;
    if (err<>0) then begin
      insline; write('Fehlerhafte Eingabe!');
      if (minjn)and(i<min)
      then writeln(
      ' Wert darf nicht kleiner als ',min,' sein!');
      if (maxjn)and(i>max)
```

```
      then writeln(
      ' Wert darf nicht groesser als ',max,' sein!');
      insline; write('Bitte Eingabe wiederholen: ');
    end;
  end
  else ab:=true;
until (err=0)or(ab=true);
if ab=false then rint:=i; end; {rint}
```

{* Dialogeingabe einer real-Zahl ***}**

```
function rreal(minjn,maxjn: boolean; min,max:real;
               var ab:boolean):real;
(*
minjn=true bzw. maxjn=true bedeutet, dass die zulaessigen Werte nach unten
durch min bzw. nach oben durch max beschraenkt sind
*)

var
  r:real;
  err:integer;
  h:string[50];
begin
ab:=false; err:=0;
repeat
  readln(h); delline;
  if (h[1]<>'!') then begin
    val(h,r,err);
    if (err=0) then begin
      if (minjn)and(r<min) then err:=1;
      if (maxjn)and(r>max) then err:=1;
    end;
    if (err<>0) then begin
      insline; write('Fehlerhafte Eingabe!');
      if (minjn)and(r<min)
      then write(
      ' Wert darf nicht kleiner als ',writ(min),' sein!');
      if (maxjn)and(r>max)
      then write(
      ' Wert darf nicht groesser als ',writ(max),' sein!');
      insline; write('Bitte Eingabe wiederholen: ');
    end;
  end
  else ab:=true;
until (err=0)or(ab=true);
if (ab=false) then rreal:=r; end; {rreal}
```

{* Einlesen einer Zeile des Files fil bis zum 1. Blank ***}**

```
function rline(var fil:text):str;
var
  b:integer;
  stri:str;
begin
readln(fil,stri); b:=pos(' ',stri);
if (b=0) then b:=length(stri) else b:=b-1;
rline:=copy(stri,1,b);
end; {rline}
```

{* Test, ob der String Formula einen gueltigen Formelausdruck ***}**
{* der Form f(x[1],...,x[argzahl]) darstellt und Berechnung ***}**
{* seines Wertes an der Stelle x ***}**

```
function interpretiere(var IsFormula: Boolean;
                           Formula: str;
                           x:rvdim;
                           argzahl:integer;
                       var ErrPos: Integer):real;
const Numbers: set of Char = ['0'..'9'];
      EofLine = ^M;
var i,Pos: Integer;
    Value: Real;
    Ch: Char;
    EXY: string[3];
procedure NextCh;
  begin
    repeat
```

```
      Pos:=Pos+1;
      if Pos<=Length(Formula) then
      Ch:=Formula[Pos] else Ch:=eofline;
    until Ch<>' ';
end; {NextCh}

function Expression: Real;
var  E: Real;
     Opr: Char;
function SimpleExpression: Real;
var  S: Real;
     Opr: Char;
function Term: Real;
var  T,h: Real;
function SignedFactor: Real;
function Factor: Real;
type StandardFunction =
  (fabs,fsqrt,fsqr,fsinh,fcosh,fartanh,fln,flog,fexp,ffact,fpi,fex,fcoth;
   ftanh,fld,flg,ftrunc,ffrac,fround,fint,fgng,fngg,fradg,fgrad,fngrad,
   fradng,flb,farcoth,fsin,fcos,ftan,fcot,farsinh,farcosh,farctan,farcot,
   fsech, fcosech,farcsin,farcos,fsec,fcosec);

StandardFunctionList = array[StandardFunction] of string[7];
const StandardFunctionNames:
StandardFunctionList =
      ('ABS','SQRT','SQR','SINH','COSH','ARTANH','LN','LOG','EXP',
       'FACT','PI','EX','COTH','TANH','LD','LG','TRUNC','FRAC','ROUND',
       'INT','GNG','NGG','RADG','GRAD','NGRAD','RADNG','LB','ARCOTH',
       'SIN','COS','TAN','COT','ARSINH','ARCOSH','ARCTAN','ARCOT',
       'SECH','COSECH','ARCSIN','ARCOS','SEC','COSEC');
var  E,EE,L,mpos: Integer;
     Found:Boolean;
     F: Real;
     Sf:StandardFunction;
     Start:Integer;
     CellSum: Real;

function Fact(I: Integer): Real;
begin
  if I>0 then begin Fact:=I*Fact(I-1); end
else  Fact:=1;
end  {Fact};

begin {Factor}
if Ch in Numbers then
begin
  Start:=Pos;
  repeat NextCh until not (Ch in Numbers);
  if Ch='.' then repeat NextCh until not (Ch in Numbers);
  if Ch='E' then
  begin
    NextCh;
    repeat NextCh until not (Ch in Numbers);
  end;
  Val(Copy(Formula,Start,Pos-Start),F,ErrPos);
end else
if Ch='(' then
begin
  NextCh;
  F:=Expression;
  if Ch=')' then NextCh else ErrPos:=Pos;
end else
if Ch in ['X'] then begin
nextch;if ch in numbers then begin
mpos:=pos;nextch;if ch in numbers then nextch;
val(copy(formula,mpos,pos-mpos),f,errpos);
if f <= argzahl then
f:=x[round(f)] else errpos:=pos end else errpos:=pos;
end else
begin
  found:=false;
  for sf:=fabs to fcosec do
  if not found then
  begin
    l:=Length(StandardFunctionNames[sf]);
    if copy(Formula,Pos,l)=StandardFunctionNames[sf] then
    begin
      Pos:=Pos+l-1;NextCh;
      if not (sf in [fpi,fex]) then F:=Factor;
      case sf of
```

```
        fabs:   f:=abs(f);
        fsqrt:   f:=sqrt(f);
        fsqr:   f:=sqr(f);
        fsin:   f:=sin(f);
        fcos:   f:=cos(f);
        ftan:   f:=sin(f)/cos(f);
        fcot:   f:=cos(f)/sin(f);
        fsec:   f:=1/cos(f);
        fcosec:  f:=1/sin(f);
        farcsin:  f:=arctan(f/sqrt(1-sqr(f)));
        farcos:  f:=pi/2-arctan(f/sqrt(1-sqr(f)));
        farctan:  f:=arctan(f);
        farcot:  f:=pi/2-arctan(f);
        fsinh:  f:=(exp(f)-exp(-f))/2;
        fcosh:  f:=(exp(f)+exp(-f))/2;
        ftanh:  f:=(exp(f)-exp(-f))/(exp(f)+exp(-f));
        fcoth:  f:=(exp(f)+exp(-f))/(exp(f)-exp(-f));
        fsech:  f:=2/(exp(f)+exp(-f));
        fcosech:  f:=2/(exp(f)-exp(-f));
        farsinh:  f:=ln(f+sqrt(sqr(f)+1));
        farcosh:  f:=ln(abs(f-sqrt(sqr(f)-1)));
        fartanh:  f:=0.5*ln((1+f)/(1-f));
        farcoth:  f:=0.5*ln((f+1)/(f-1));
        fld:       f:=ln(f)/ln(2);
        fln   :    f:=ln(f);
        flg:       f:=ln(f)/ln(10);
        flog:    f:=ln(f)/ln(10);
        flb:       begin nextch;f:=ln(f)/ln(factor) end;
        fexp:    f:=exp(f);
        ffact:   f:=fact(trunc(f));
        fpi:       f:=pi;
        fex:       f:=exp(1);
        ftrunc:   f:=trunc(f);
        ffrac:   f:=frac(f);
        fround:   f:=round(f);
        fint:    f:=int(f);
        fgng:   f:=10/9*f;
        fngg:    f:=0.9*f;
        fradg:   f:=180*f/pi;
        fgrad:   f:=pi/180*f;
        fngrad:  f:=pi/200*f;
        fradng:  f:=200*f/pi;
      end;
      Found:=true;
    end;
  end;
  if not Found then ErrPos:=Pos;
end;
Factor:=F;
end {Factor};

 begin {SignedFactor}
         if Ch='-' then
         begin
           NextCh; SignedFactor:=-Factor;
         end else SignedFactor:=Factor;
 end {SignedFactor};

 begin {Term}
       T:=SignedFactor;
       while  Ch='  do
       begin
         NextCh; h:=SignedFactor;
         if (frac(h)=0) then t:=pow(t,round(h))
         else begin
           if t<0 then errpos:=pos;
           if  t>0  then  t:=exp(ln(t)*h);
         end;
       end;
       Term:=t;
 end {Term};

 begin {SimpleExpression}
     s:=term;
     while (Ch in ['*','/']) and (errpos=0) do
     begin
       Opr:=Ch; NextCh;
       case Opr of
         '*':  s:=s*term;
         '/': if term<>0.0 then s:=s/term else errpos:=pos;
```

```
        end;
      end;
      SimpleExpression:=s;
 end {SimpleExpression};

 begin {Expression}
    E:=SimpleExpression;
    while (Ch in ['+','-']) and (errpos=0) do
    begin
      Opr:=Ch; NextCh;
      case Opr of
        '+': e:=e+SimpleExpression;
        '-': e:=e-SimpleExpression;
      end;
    end;
    Expression:=E;
 end { Expression };

begin { interpretiere }
  errpos:=0;
  for pos:=1 to length(formula) do
    formula[pos]:=upcase(formula[pos]);
  if Formula[1]='.' then Formula:='0'+Formula;
  if  Formula[1]='+' then delete(Formula,1,1);
  IsFormula:=false;
  Pos:=0; NextCh;
  Value:=Expression;
  if Ch<>EofLine then ErrPos:=Pos;
  isformula:= (errpos=0);
  interpretiere := value;
end {interpretiere};

        {*** Dialogeingabe eines Formelausdrucks in PASCAL-aehnlicher ***}
        {***                         Notation                          ***}

procedure rform(n:integer; var stri:str; xr:rvdim;
                var ab:boolean);
var
  p:integer;
  yr:real;
  isformula:boolean;
begin
repeat
  readln(stri); delline;
  if stri[1]='!' then ab:=true; if ab then exit;
  yr:=interpretiere(isformula,stri,xr,n,p);
  if (isformula=false)and(stri<>'') then begin
    insline; write(stri,' ');
    writeln('Fehlerhafte Eingabe! (Fehler an Position ',p,')');
    insline; write('Bitte Eingabe wiederholen: ');
    end;
  until (isformula=true)or(stri='');
end; {rform}

                    {*** Eingabe einer Funktion y=f(x[1],...,x[n]) ***}


procedure eingabef(n:integer; var z:integer; var stri:str;
                   var e:imsumdim; var c:rvsum; x:rvdim;
                   var ab:boolean);

(*
z: Anzahl der Summanden der Form c*x1^e1*...*xn^en
   (Potenzprodukte) in der Funktionsgleichung
c: enthaelt die Koeffizienten der Potenzprodukte der
   Funktionsgleichung
e: enthaelt die Exponenten der Potenzprodukte der
   Funktionsgleichung
stri: enthaelt den Rest der Funktionsgleichung
ab=true: Abbruch der Eingabe durch den Nutzer
*)

var  i,j,k1,j1,k2,k3,k4,p:integer;  y:real;  isformula:boolean;
    ks   :string[20];   ls:string[80];
begin
writeln('Bitte <Enter> druecken!'); readln;
clrscr;  gotoxy(4,19);
```

```
write('Eingabe der Funktion ist in 2 Formen (auch kombiniert)');
writeln('  moeglich.');
writeln('  ':4,
'(1) summandenweise in der Form a*x1^m1 * x2^m2 * ...*xn^mn');
writeln('  ':4,
' durch Eingabe der Koeffizienten und Exponenten');
writeln('  ':4,
'(2) geschlossene Eingabe der Formel (oder des Restes) der');
writeln(' ':4,'                    Funktion.');
gotoxy(15,9);write('Eingabe der Funktion in der Form 1');
gotoxy(15,10);write('Anzahl der Summanden: ');
z:=rint(true,true,0,MAXSUM,ab); if ab then exit;
stri:='';
if z>0 then begin
  for i:=1 to z do for j := 1 to n do e[i,j]:=0;
  for i := 1 to z do begin
    gotoxy(15,13);write('Summand  ',i:3,'Koeffizient  :':17);
    clreol; c[i]:=rreal(false,false,0,0,ab); if ab then exit;
    ks:=writ(c[i]); k1 := 3+length(ks);
    for j:=1 to n do begin
      gotoxy(45+k1,13);  write('Exp  ',j:2,'=');
      e[i,j]:=rint(true,false,0,0,ab); if ab then exit;
      gotoxy(45+k1,13);  clreol;
    end;
    if ab then exit; delline;
  end; if ab then exit;
end; if ab then exit; clrscr;
gotoxy(4,9);writeln('Es ist zu beachten :');
write('  ':3,
'alle in PASCAL implementierten Funktionen wie in PASCAL');
writeln('  verwendbar');
writeln('  ':3,
'zusaetzlich gibt es : ^ ,lg,log (Basis 10), ld (Basis 2), ');
writeln('  ':3,
'                    lb(a)*b  (log(a) zur Basis b)');
write('  ':3,
'Ausdruecke in runden Klammern mit beliebiger');
writeln('  Schachtelungstiefe');
writeln(' ':3,'Variable x1,x2 .. xn, Konstante pi,e als ex');
writeln(
'  Bsp:  sin(x1+x2)  x1^4  x2*x3  ld(8)  cos(pi)  exp(x1*x1)');
write(' ':3,'Abschluss der Eingabe mit ET');
gotoxy(15,1); write('Rest der Funktion : '); gotoxy(15,2);
rform(n,stri,x,ab); if ab then exit; clrscr; gotoxy(15,1);
writeln('Die gesamte Funktionsgleichung lautet');
gotoxy(15,3);  write('F  =');  k1:=17;ls:='';
if z>0 then begin
  k3:=1;
  for i := 1 to z do begin
    if (i=1) and (c[i]<0) then ls:='-';
    if abs(c[i])<>1.0 then ks:=writ(abs(c[i])) else ks:='';
    if (c[i]>0.0) and (i>1) then ls:=ls+' + ';
    if c[i]<0.0 then ls:=ls+' - ';
    if k3=1 then ls:=ls+' ';
    k3:=k3+1;
    if c[i]<>0.0 then begin
      ls:=ls+ks;  k4:=0;
      for j:=1 to n do if e[i,j]<>0 then begin
        if (abs(c[i])=1.0) and (k4=0) then ls:=ls+'x'+writ(j)
        else ls:=ls+'*x'+writ(j);
        if  e[i,j]<>1  then  ls:=ls+'+writ(e[i,j]);
        k4:=k4+1
      end;
    end;
  end;
  write(ls);
end;
i:=0; while stri[i]=' ' do i:=i+1;
if (stri[i]<>'+')and(stri[i]<>'-')and(z>0)and(stri<>'') then
  write(' + ');
writeln(stri);  gotoxy(15,5);
writeln('Bitte <Enter> druecken!'); readln;
end; {eingabef}
```

(* Bestimmung des Wertes einer durch eingabef eingegebenen *****
*****   Funktion an der Stelle x   ***)**

```
function zf(z,n:integer;c:rvsum;x:rvdim;k:imsumdim; stri:str):real;
var  i,j,k1,errorpos:integer;
```

```
    su1,su2,su3:real;
    iserror  :  boolean;
begin
su1:=0.0;
for i:=1 to z do begin
  su2:=1.0;
  for j:=1 to n do begin
    su3:=1.0;
    for ki:=1 to k[i,j] do su3:=su3*x[j];
    su2:=su2*su3  ;
  end;
  su2:=c[i]*su2;
  su1:=su1+su2;
end;
if stri='' then
zf:=su1  else
zf:=su1+interpretiere(iserror,stri,x,20,errorpos);
end; {zf}

        (*** Bestimmung des Wertes einer m. partiellen Ableitung ***)
        (*** einer durch eingabef eingegebenen Funktion ***)

function  ablan(z,n,m:integer;ij:ivab;c:rvsum;x:rvdim;k:imsumdim;
           ablstri:apstr;  stri  :  str):real;

(*
ij[1] enthaelt die Nummer der Komponente, nach der zuerst
abgeleitet werden soll usw.
*)

var  p,q,l,ki,i,j,errorpos:integer;  iserror  :  boolean;
var   abl:real;

              (*** Bestimmung der Ableitung der Potenzprodukte ***)

function  df2(z,n,m,q:integer;ij:ivab;c:rvsum;x:rvdim;
           k:imsumdim):real;
var  i:integer;  stri:str;
begin  {df2}
  stri:='';
  m:=m-1;
  q:=q+1;
  j:=ij[q];
  if m>=0 then begin
    for i:=1 to
     MAXSUM do if k[i,j]>=0 then begin
      c[i]  :=  c[i]*k[i,j];
      k[i,j]:=k[i,j]-1;
    end  else  c[i]:=0.0;
    df2:=df2(z,n,m,q,ij,c,x,k)
  end  else  df2:=zf(z,n,c,x,k,stri);
end;  {df2}

begin  {ablan}
  q:=0;
  abl:=0.0;
  if  z>0  then  abl:=df2(z,n,m,q,ij,c,x,k);
  if  ablstri[1]<>'' then  begin
    j:=0;
    for i:=1 to m do begin
      l:=1;
      for p:=1 to m-i do l:=l*n;
      j:=j+l
    end;
    j:=j-1;
    for l:=1 to m do begin
      i:=1;
      for p:=1 to m-l do i:=i*n;
      j:=j+(ij[l]-1)*i
    end;
    j:=j+1;
    abl:=abl  +  interpretiere(iserror,ablstri[j],x,n,errorpos)
  end;

   (* falls gewuenscht, numerische Berechnung der Ableitung *)
  if  (z=0)  and  (ablstri[1]='')  and  (stri='')  then  begin
    i  :=  ij[1];
    for j:=2 to m do i:=i*10+ij[j];
```

```
    case  i  of
       1   :  abl:=   (4*x[1]-6)*x[1]*x[1]+x[2]*(2*x[1]*x[2]-4);
       2   :  abl:=   2*x[2]+2*x[1]*(x[1]*x[2]-2);
       11  :  abl:=   12*x[1]*(x[1]-1)+2*x[2]*x[2];
       12  :  abl:=   4*x[1]*x[2]-4;
       21  :  abl:=   4*x[1]*x[2]-4;
       22  :  abl:=   2*(1+x[1]*x[1]);
    end;
  end;
  ablan:=abl;
end;  {ablan}


function  sgn(x:real):real;
begin
if  x>0  then  sgn:=1;
if  x=0  then  sgn:=0;
if  x<0  then  sgn:=-1;
end;  {sgn}


                (*** Bestimmung der QR-Zerlegung einer Matrix ***)

procedure  qr(n,m:integer;  var  x:rvd;  var  a:rmdd;  var  d:real;
              var  err:boolean);

(*
Bestimmung der QR-Zerlegung einer (m,n)-Matrix a1 (m>=n) nach HOUSEHOLDER, d.h.
Loesung der Aufgabe || a1*x-b || = min!; a muss links oben a1 enthalten, die
(n+1)-te Spalte von a muss b enthalten; bei Beendigung von qr enthalten die er-
sten n Elemente der (n+1)-ten Spalte ebenfalls x;
es ist d = || a1*x-b ||
*)

var   i,j,k,l:integer;
  a1,b,s,alpha:real;
begin
err:=false;  l:=n;  if  n=m  then  l:=n-1;
for  j:=1  to  l  do  begin
  b:=0;  for  i:=j  to  m  do  b:=b+a[i,j]*a[i,j];
  if  b=0  then  begin
    writeln(
    'QR-Zerlegung: Spalten  von  a  sind  linear  abhaengig!');
    err:=true;  exit;  end;
  a1:=-sgn(a[j,j])*sqrt(b);  if  a[j,j]=0  then  a1:=-sqrt(b);
  alpha:=b-a[j,j]*a1;   a[j,j]:=a[j,j]-a1;
  for  k:=j+1  to  n+1  do  begin
    s:=0;  for  i:=j  to  m  do  s:=s+a[i,j]*a[i,k];  x[k]:=s/alpha;
    for  i:=j  to  m  do  a[i,k]:=a[i,k]-a[i,j]*x[k];  end;
    a[j,j]:=a1;
end;
if  a[n,n]=0  then  begin
  writeln('QR-Zerlegung:  Spalten  von  a  sind  linear  abhaengig!');
  err:=true;  exit;  end;
a[n,n+1]:=a[n,n+1]/a[n,n];
for  j:=n-1  downto  1  do  begin
  for  i:=n  downto  j+1  do  a[j,n+1]:=a[j,n+1]-a[j,i]*a[i,n+1];
  a[j,n+1]:=a[j,n+1]/a[j,j];   end;
d:=0;
if  m<>n  then  begin
  for  i:=n+1  to  m  do  d:=d+a[i,n+1]*a[i,n+1];  d:=sqrt(d);  end;
for  i:=1  to  n  do  x[i]:=a[i,n+1];
end; {qr}


                (*** Eroeffnen eines Files fuer Lesen (mode=1) ***)
                (***           oder Schreiben (mode=2)        ***)

function  open(var  fil:text;  name:str;  mode:byte):integer;
var  err,l:integer;
begin
assign(fil,name);   {$I-}
case mode of
  1:   reset(fil);
  2:   rewrite(fil);
end;
{$I+}  err:=ioresult;
if  (err<>0)  then  begin
  write('Fehler  beim  Eroeffnen  des  Files  ',name,'  fuer  ');
  case  mode  of
```

```
    1:   writeln('Lesen');
    2:   writeln('Schreiben');
  end;
end;
open:=err;
end;  {open}
```

```
(*****************************************************************)
(*** Nutzerunterstuetzung fuer die lineare Optimierung ***)
(*****************************************************************)

(*** Ausgabe der Problemdaten zur linearen Optimierung ***)
(***                  in das File 'name'                ***)

procedure  lowf(v:byte;  n,mle,mge,me:integer;  min:boolean;  c:rvdim;
               a:rmcondim;  b:rvcon;  l0:real;  eps:real;  l:integer;
               a0:rvdim;  name:str);
var  probfil:text;
  i,j:integer;
begin
assign(probfil,name);  rewrite(probfil);
case v of
 1:  writeln(probfil,'/Sim  Simplexverfahren');
 2:  writeln(probfil,'/revSim  revidiertes Simplexverfahren');
 3:  writeln(probfil,'/Ellip  Ellipsoidverfahren');
 4:  writeln(probfil,'/Projek  Projektionsverfahren');
end;
writeln(probfil,n,'  Anzahl  der  Entscheidungsvariablen');
writeln(probfil,mle,'  Anzahl  der  "<="-Nebenbedingungen');
writeln(probfil,mge,'  Anzahl  der  ">="-Nebenbedingungen');
writeln(probfil,me,'  Anzahl  der  "="-Nebenbedingungen');
if  min  then  writeln(probfil,'Minimierung')
else  writeln(probfil,'Maximierung');
for  i:=1  to  n  do  writeln(probfil,writ(c[i]),'  c[',i,']');
for  i:=1  to  mle+mge+me  do
  writeln(probfil,writ(b[i]),'   b[',i,']');
for  i:=1  to  mle+mge+me  do
  for  j:=1  to  n  do
    writeln(probfil,writ(a[i,j]),'    a[',i,',',j,']');
if  v=3  then
  writeln(probfil,writ(l0),
  ' obere Schranke fuer Abstand der Loesung vom Nullpunkt (falls >0)');
if  v>=3  then  begin
  writeln(probfil,writ(eps),'  Abbruchschranke');
  writeln(probfil,l,'  maximale  Iterationszahl');  end;
if  v=4  then
  for  i:=1  to  n  do  writeln(probfil,writ(a0[i]),
  ' Komponente ',i,' des zulaessigen Startwertes');
close(probfil);
end;  {lowf}


(*** Eingabe der Problemdaten zur linearen Optimierung im Dialog ***)

procedure  lord(v:byte;  var  n,mle,mge,me:integer;  var  min:boolean;
                var  c:rvdim;  var  a:rmcondim;  var  b:rvcon;  var  l0:real;
                var  eps:real;  var  l:integer;  var  a0:rvdim;
                var  ab:boolean);

(*
ab=true: Abbruch der Eingabe durch den Nutzer
*)

var  i,j:integer;
begin
    writeln('Eingabe der Problemdaten (Eingabeabbruch mittels <!>)');
    ab:=false;
    write('Anzahl der Entscheidungsvariablen: ');
    n:=rint(true,true,1,MAXDIM,ab);  if  ab  then  exit;
    write('Anzahl  der  "<="-Nebenbedingungen:  ');
    mle:=rint(true,true,0,MAXCON,ab);  if  ab  then  exit;
    write('Anzahl  der  ">="-Nebenbedingungen:  ');
    mge:=rint(true,true,0,MAXCON-mle,ab);  if  ab  then  exit;
    write('Anzahl  der  "="-Nebenbedingungen:  ');
    me:=rint(true,true,0,MAXCON-mle-mge,ab);  if  ab  then  exit;
    write('Soll  die  Zielfunktion  minimiert  werden?  j;n  ');
    if  antwort='j'  then  min:=true  else  min:=false;  if  ab  then  exit;
    for  i:=1  to  n  do  begin
        write('Koeffizient  von  x',i,'  in  der  Zielfunktion:  ');
        c[i]:=rreal(false,false,0,0,ab);  if  ab  then  exit;
    end;
    for  i:=1  to  mle+mge+me  do  begin
        write('Wert  der  rechten  Seite  in  der  "');
        if  (i>=1)and(i<=mle)  then  write('<');
        if  (i>mle)and(i<=mle+mge)  then  write('>');
        write('="-Nebenbedingung  ',i,':  ');
```

```
        b[i]:=rreal(false,false,0,0,ab);  if  ab  then  exit;
    end;
    for i:=1 to mle+mge+me do begin
        for j:=1 to n do begin
            write('Koeffizient  ',j,' in  der  ''');
            if  (i>=1)and(i<=mle)  then  write('<');
            if  (i>mle)and(i<=mle+mge)  then  write('>');
            write('=''-Nebenbedingung  ',i,':  ');
            a[i,j]:=rreal(false,false,0,0,ab);  if  ab  then  exit;
        end;
    end;
    if v=3 then begin
        write('obere Schranke fuer Abstand der Loesung vom Nullpunkt');
        write(' (oder  0,  falls  unbekannt): ');
        l0:=rreal(true,false,0,0,ab);  if  ab  then  exit;
    end;
    if v>=3 then begin
        write('Abbruchschranke:  ');  eps:=rreal(true,false,0,0,ab);
        if ab then exit;
        write('maximale  Iterationszahl:  ');  l:=rint(true,false,1,0,ab);
        if ab then exit;
    end;
    if v=4 then
    for i:=1 to n do begin
        write('Komponente ',i,' des zulaessigen Startwertes: ');
        a0[i]:=rreal(true,false,0,0,ab);  if  ab  then  exit;
    end;
end;  {lord}


  (*** Rahmenprogramm zur Nutzerunterstuetzung fuer die ***)
  (***          lineare Optimierung                     ***)

procedure  nuopl;
var
v:byte;
n,mle,mge,me,i,l:integer;
c,a0:rvdim;  a:rmcondim;  b:rvcon;
help:helpst4;
ab:boolean;  eps,l0:real;
name:str;
min:boolean;
begin
help[1]:='Simplexverfahren';
help[2]:='revidiertes  Simplexverfahren';
help[3]:='Ellipsoidverfahren';
help[4]:='Projektionsverfahren';
ab:=false;  clrscr;
writeln('L I N E A R E O P T I M I E R U N G ');
writeln;
writeln('Auswahl  des  Loesungsverfahrens:  ');
for  i:=1  to  4  do  writeln(i,'  ',help[i]);
writeln(
'(Bei  4  wird  vorausgesetzt,  dass  der  optimale  Zielfunktionswert');
writeln('0  betraegt)');
repeat
  v:=byte(rint(true,true,1,4,ab));
until  ab=false;
clrscr;  writeln('Lineare  Optimierung  -  ',help[v]);
writeln('Minimierung  oder  Maximierung  von  c''x  bei  Ax=b  x>=0');
write('Es  koennen  aber  auch  ''<=''-  oder');
writeln('  ''>=''-Nebenbedingungen  auftreten');
writeln('Reihenfolge  der  Nebenbedingungen:  <=  >=  =');  writeln;
lord(v,n,mle,mge,me,min,c,a,b,l0,eps,l,a0,ab);
if  ab=true  then  exit;  clrscr;
writeln(
'Die  Problemdaten  werden  nun  in  ein  File  geschrieben!');
write('Name  des  Files:  ');  readln(name);
lowf(v,n,mle,mge,me,min,c,a,b,l0,eps,l,a0,name);
writeln('Die  Durchfuehrung  der  Rechnung  ist  von  der');
writeln('Betriebssystemkommandoebene  aus  mittels');
writeln('lo');
writeln('moeglich,  wobei  nach  Anfrage  das  soeben  erzeugte');
writeln('Datenfile  ',name,'  angegeben  werden  muss!');
gotoxy(1,25);  write('Bitte  <Enter>  druecken!');  readln;
end;  {nuopl}
```

```
(**********************************************)
(*** Durchfuehrung der linearen Optimierung ***)
(**********************************************)

program lo;
                {$I  nuopba.pas}
                $I  optlibl.pas}
var
        name:str;
        outf:text;

  (*** Einlesen der Problemdaten zur linearen Optimierung vom ***)
  (***                    File 'name'                         ***)

procedure  lorf(var  v:byte;  var  n,mle,mge,me:integer;
                      var  min:boolean;  var  c:rvdim;  var  a:rmcondim;
                      var  b:rvcon;  var  l0:real;  var  eps:real;
                      var  l:integer;  var  a0:rvdim;
                      name:str;  var  error:boolean);


var
        si:str;
        probfil:text;
        i,j:integer;
begin
        error:=false;
        if  open(probfil,name,1)<>0  then
            begin
                error:=true;  exit;
            end;
        si:=rline(probfil);   v:=0;
        if  si='/Sim'  then  v:=1;
        if  si='/revSim'  then  v:=2;
        if  si='/Ellip'  then  v:=3;
        if  si='/Projek'  then  v:=4;
        if  v=0  then
            begin
                error:=true;  exit;
            end;
        readln(probfil,n);
        readln(probfil,mle);  readln(probfil,mge);  readln(probfil,me);
        si:=rline(probfil);
        if  si[2]='1'  then  min:=true  else  min:=false;
        for  i:=1  to  n  do  readln(probfil,c[i]);
        for  i:=1  to  mle+mge+me  do  readln(probfil,b[i]);
        for  i:=1  to  mle+mge+me  do
         for  j:=1  to  n  do  readln(probfil,a[i,j]);
        if  v=3  then  readln(probfil,l0);
        if  v>=3  then
            begin
                readln(probfil,eps);   readln(probfil,l);
            end;
        if  v=4  then  for  i:=1  to  n  do  readln(probfil,a0[i]);
        close(probfil);
end;  {lorf}

 (*** Einlesen der Problemdaten zur linearen Optimierung von ***)
 (*** einem File und Aufruf des gewuenschten Verfahrens ***)

procedure  loi(var  out:text;  nout:str);
(*
out:          File fuer die Ergebnisaussage
nout:         Name des Files fuer die Ergebnisausgabe (Standardausgabe wird
              genutzt, falls nout einen leeren String enthaelt)
*)

label  mark1;
var  v:byte;
          min,error,conv,loe:boolean;
          n,n1,mle,mge,mle1,mge1,me,m,i,i1,j,l,vz:integer;
          c,c1,a0,x:rvdim;
          a,a1:rmcondim;
          b,b1:rvcon;
          name:str;
          eps,l0:real;
          ile,ige:ivcon;
```

```
        prnt:byte;
begin
    clrscr;
    writeln('Name des Files mit den Problemdaten: '); readln(name);
    lorf(v,n,mle,mge,me,min,c,a,b,l0,eps,l,a0,name,error);
    if error=true then
        begin
            writeln('Fehler beim Lesen des Problemdatenfiles ',name);
            goto marki;
        end;
    conv:=false;
    if v<=2 then
        begin
        (* Umformung der NB, so dass rechte Seiten nichtnegativ wer-
           den *)
            m:=mle+mge+me;  mlei:=0;  mgei:=0;
            for i:=1 to mle+mge do
                if i<=mle then
                    begin
                        if b[i]>=0 then
                            begin
                                mlei:=mlei+1;   ile[mlei]:=i;
                            end
                        else begin
                                conv:=true;  mgei:=mgei+1;
                                ige[mgei]:=i;
                            end;
                    end
                else begin
                    if b[i]>=0 then
                        begin
                            mgei:=mgei+1;  ige[mgei]:=i;
                        end
                    else begin
                            conv:=true;
                            mlei:=mlei+1;  ile[mlei]:=i;
                        end;
            end;
        for i:=1 to mlei do begin
        if b[ile[i]]>=0 then vz:=1 else vz:=-1;
        for j:=1 to n do ai[i,j]:=vz*a[ile[i],j];
        bi[i]:=vz*b[ile[i]];   end;
        for i:=mlei+1 to mlei+mgei do
            begin
                if b[ige[i-mlei]]>=0 then vz:=1
                else vz:=-1;
                for j:=1 to n do ai[i,j]:=vz*a[ige[i-mlei],j];
                bi[i]:=vz*b[ige[i-mlei]];
            end;
        for i:=mlei+mgei+1 to m do
            begin
                if b[i]>=0 then vz:=1
                else begin
                    conv:=true;  vz:=-1;
                    end;
                for j:=1 to n do ai[i,j]:=vz*a[i,j];
                bi[i]:=vz*b[i];
            end;
        if conv then
            begin
                writeln(out,
                'Werte der rechten Seite nicht alle nichtnegativ
                -->');
                writeln(out,'einige NB mussten umgeformt werden!');
                writeln;
            end;
    end;

(* -----------------------------------------------------------
Ellipsoidverfahren: Umformung von '>='- und '='-Nebenbedingungen
                    in '<='-Nebenbedingungen
------------------------------------------------------------ *)

    if v=3 then
        begin
            n1:=n;  m:=mle+mge+2*me;
            if m>MAXCON then
                begin
                    write(out,'Nach der Problemmodifikation waere');
```

```
                    writeln(out,' die Anzahl der NB zu gross!');
                    writeln(out,'Der zulaessige Hoechstwert betraegt
                        ',MAXCON,'!');
                    error:=true; exit;
                end;
        for i:=1 to n do c1[i]:=c[i];
        for i:=1 to mle do
            begin
                for j:=1 to n do a1[i,j]:=a[i,j]; b1[i]:=b[i];
            end;
        if mge>0 then
            begin
                conv:=true;
                for i:=mle+1 to mle+mge do
                    begin
                        for j:=1 to n do a1[i,j]:=-a[i,j];
                        b1[i]:=-b[i];
                    end;
                writeln(out,mge,
                    ' ">="-NB wurde(n) in "<="-NB umgewandelt!');
            end;
        if me>0 then
            begin
                conv:=true; i1:=0;
                for i:=mle+mge+1 to mle+mge+me do
                    begin
                        for j:=1 to n do
                            begin
                                a1[mle+mge+i1+1,j]:=a[i,j];
                                a1[mle+mge+i1+2,j]:=-a[i,j];
                            end;
                        b1[mle+mge+i1+1]:=b[i];
                        b1[mle+mge+i1+2]:=-b[i];
                        i1:=i1+2;
                    end;
                writeln(out,me,
                    ' "="-NB wurde(n) in ',i1,' "<="-NB
                        umgewandelt!');
            end;
    end;


(* ----------------------------------------------------------------
Projektionsverfahren: Umformung von '<='- und '>='-Nebenbedingungen
in '='-Nebenbedingungen
---------------------------------------------------------------- *)

if v=4 then
    begin
        n1:=mle+mge; m:=mle+mge+me;
        if n+n1>MAXDIM then
            begin
                write(out,'Nach der Problemmodifikation waere');
                writeln(out,' die Problemdimension zu gross!');
                writeln(out,'Der zulaessige Hoechstwert betraegt
                    ',MAXDIM,'!');
                error:=true; exit;
            end;
        if m>MAXCON then
            begin
                write(out,'Nach der Problemmodifikation waere');
                writeln(out,' die Anzahl der NB zu gross!');
                writeln(out,'Der zulaessige Hoechstwert betraegt
                    ',MAXCON,'!');
                error:=true; exit;
            end;
        for i:=1 to n do c1[i]:=c[i];
        for i:=n+1 to n+n1 do
            begin
                a0[i]:=0;
                for j:=1 to n do a0[i]:=a0[i]+a[i-n,j]*a0[j];
                a0[i]:=b[i-n]-a0[i];
            end;
        if mle>0 then
            begin
                conv:=true;
                for i:=1 to mle do
                    begin
                        for j:=1 to n do a1[i,j]:=a[i,j];
                        for j:=n+1 to n+n1 do
```

```
                        if j-n=i then ai[i,j]:=1
                        else  ai[i,j]:=0;
                     bi[i]:=b[i];
                  end;
            end;
        if mge>0 then
            begin
                conv:=true;
                for i:=mle+1 to mle+mge do
                    begin
                        a0[n+i]:=-a0[n+i];
                        for j:=1 to n do ai[i,j]:=a[i,j];
                        for j:=n+1 to n+ni do
                            if j-n=i then ai[i,j]:=-1
                            else  ai[i,j]:=0;
                    bi[i]:=b[i];
                    end;
                end;
        if ni>0 then
            begin
                writeln(out,ni,' "<>"-NB wurde(n) durch Einfuehrung
                        von');
                writeln(out,' Schlupfvariablen in "="-NB umgewan-
                        delt!');
            end;
        for i:=mle+mge+1 to mle+mge+me do
            begin
                for j:=1 to n do ai[i,j]:=a[i,j];
                for j:=n+1 to n+ni do ai[i,j]:=0;
                bi[i]:=b[i];
            end;
        for i:=n+1 to n+ni do ci[i]:=0;
        ni:=n+ni;
    end;
    if (conv)and(v>=3) then
        begin
            writeln(out); writeln(out,'Modifiziertes Problem:');
            writeln(out); writeln(out,'Koeffizienten der ZF:');
            for i:=1 to ni do write(writ(ci[i]),' '); writeln(out);
            writeln(out); writeln(out,'Koeffizienten der NB:');
            for i:=1 to m do
                begin
                    for j:=1 to ni do write(out,writ(ai[i,j]),' ');
                    writeln(out);
                end;
            writeln(out); writeln(out,'Rechte Seiten der NB:');
            for i:=1 to m do write(out,writ(bi[i]),' ');
            writeln(out); writeln(out);
        end;
    writeln('2: Ausfuehrliche Ausgabe');
    writeln('1: Nur Ausgabe der Endresultate');
    repeat
        prnt:=byte(rint(true,true,1,2,error));
    until error=false;
    clrscr;
    writeln
    ('D U R C H F U E H R U N G   D E R     R E C H N U N G');
    writeln;
    writeln('L I N E A R E     O P T I M I E R U N G : ');
    case v of
        1: writeln('S I M P L E X V E R F A H R E N');
        2: writeln
           ('R E V I D I E R T E S     S I M P L E X V E R F A H R E N');
        3: writeln('E L L I P S O I D V E R F A H R E N');
        4: writeln('P R O J E K T I O N S V E R F A H R E N');
    end;
    writeln; writeln('Bitte <Enter> druecken!'); readln;
    case v of
        1:  Sim(n,mlei,mgei,me,min,c,ai,bi,prnt,x,loe,out,nout);
        2:  rSim(n,mlei,mgei,me,min,c,ai,bi,prnt,x,loe,out,nout);
        3:   Ellip(ni,m,min,ci,ai,bi,l0,eps,l,prnt,x,loe,out);
        4:   Pro(ni,m,min,ci,ai,bi,eps,l,a0,prnt,x,loe,out);
    end;
    writeln; writeln('E N D E      D E R      R E C H N U N G !');
mark1:end;  {lo1}

 begin{lo}
    repeat
        clrscr;
```

```
            writeln(
                'Name des Files fuer Resultate (oder <Enter> fuer
                 BS-Ausgabe):  ');
            readln(name);
            if  name='' then  loi(output,name)
            else
                begin
                    assign(outf,name);  rewrite(outf);
                    loi(outf,name);   close(outf);
                end;
            writeln;
            writeln('Noch  eine  Rechnung  ?  J/n  ');
         until  antwort='n';
         clrscr;
end. {lo}
```

```
        (****************************************)
        (*** Verfahren zur linearen Optimierung ***)
        (****************************************)
(*
        c'x = min! bzw. c'x = max!
        bei ax=b x>=0

    auch die Beruecksichtigung von '<=' und '>='-Nebenbedingungen
    ist moeglich. Reihenfolge der NB: '<=' '>=' '='

Bedeutung der in mehreren Programmen auftretenden formalen Parameter:
        n:              Dimension des Problems
        min=true:       Minimierungsproblem
        min=false:      Maximierungsproblem
        prnt=1:         nur Ausgabe der Endresultate
        prnt=2:         ausfuehrliche Ausgabe
        lo=true:        es wurde eine befriedigende Loesung ermittelt
        lo=false:       es wurde keine oder keine befriedigende Loesung
                        ermittelt
        out:            File fuer die Ergebnisausgabe
        nout:           externer Name des Files fuer die Ergebnisausgabe;
                        falls nout eine leere Zeichenkette enthaelt, handelt
                        es sich um das Standardfile output
*)
{&I  nuopba.pas}
procedure  weiter(nout:str);
        begin
            if  nout=''  then
                begin
                    gotoxy(1,20);  write('Bitte  <Enter>  druecken!');
                    readln;  clrscr;
                end
            else
                begin
                    writeln;  writeln;
                end;
        end;  {weiter}


        (*** Simplexverfahren ***)
procedure   simi(m,n,mn,ns,nb,ne,pt:integer;
              cj:rvp;  a:  rmconp;
              b:rvcon;  prnt:byte;
              var  x:rvdim;  var  lo:boolean;  var  out:text;  nout:str);
label  mark1;
const  zero=1e-10;
var  zei,j,y,e,r,mr,v,i,k  :  integer;
    xi,xj:  ivp;
    ci,z,zc,zkv,zckv,cikv,cjkv:   rvp;
    kvi,kvj:  bvp;
    xk,zk,kv  :  boolean;
    m0,m3,m4,im,jm,n3,n4,n1,n2,it   :  integer;
    xx,xm,cm,ob,cmkv,obkv  :  real;
begin

            (* Schritt 1 *)

        lo:=false;  for  i:=1  to  mn  do  x[i]:=0;
        for  i  :=  1  to  m  do  begin  cjkv[i]:=0;  cj[i]:=0;  end;
        for  i  :=  m+mn+1  to  n  do  begin  cjkv[i]:=0;  cj[i]:=0;  end;
        for  i  :=  1  to  n  do  begin  cikv[i]:=0;  ci[i]:=0;  end;
        for  i:=1  to  m+mn+1  do  kvi[i]:=false;
        for  j:=1  to  m+mn+1  do  kvj[j]:=false;
        if  prnt>1  then
            begin
                clrscr;
                writeln(out,'Definition  der  indizierten  Variablen  :');
            end;
        k  :=1;
        for  j:=m+1  to  m+mn  do
            begin
                xj[j]:=k;
                if  prnt>1  then
                    begin
                        writeln(out,'Entscheidungsvariable  ',
                                    k,'  =  X[',k,']');
                    end;
                k  :=  k+1
```

```
        end;
    zei  :=  k+1;
    if ns<>0 then
        begin
            zei  :=  zei+2;
            if prnt>1 then
                begin
                    weiter(nout);
                    writeln(out,'Umformung der "<="-NB -->
                                                        Schlupfvariablen  :');
                end;
            k :=mn+1;
            for j:=1 to ns do
                begin
                    xj[j]:=k;
                    if prnt>1 then
                        begin
                            writeln(out,'NB  ',j,'  -->   X[',k,']');
                        end;
                    k  :=  k+1;  zei  :=  zei+1;
                end;
        end;
    y := 10;
    if nb <> 0 then
        begin
            zei := zei + 2;
            if prnt>1 then
                begin
                    weiter(nout);
                    writeln(out,'Umformung der ">="-NB -->
                                                        Schlupfvariablen  :');
                end;
            k  :=  m+mn+1;
            for j := m+mn+1 to n do
                begin
                    y  :=  y+1;  zei  :=zei+1;  xj[j]:=k;
                    if prnt>1 then
                        begin
                            writeln(out,'NB  ',j+ns-m-mn,'  -->  X[',k,']');
                        end;
                    k := k+1;
                end
        end;
    kv:=false;
    if (nb<>0) or (ne<>0) then
        begin
            kv:=true;
            if prnt>1 then weiter(nout);
            zei  :=  zei+2;  e  :=  y+1;
            if prnt>1 then
                writeln(out,'Umformung der ">="- und "="-NB',
                    ' --> kuenstliche Variablen:');
            k  :=  mn+ns+1;
            for j := ns +1 to m do
                begin
                    zei  :=  zei+1;  xj[j]:=k;
                    if prnt>1 then
                        begin
                            writeln(out,'NB  ',j,'  -->   X[',k,']');
                        end;
                    cjkv[j]:=1;
                    kvj[j]:=true; { Markierung als kuenstliche Variable }
                    k := k+1
                end;
        end;
    if kv then writeln(out,
            'M bedeutet im folgenden eine genuegend grosse Konstante');
    for j := 1 to m do xi[j]:=xj[j];
    for j := m+1 to n do xi[j]:=0;
    if prnt>1 then
        begin
            weiter(nout);
        end;
    for j :=m+1 to m+mn do
        begin
            cjkv[j]:=0;   cj[j]:=cj[j]*pt*(-1);
        end;
    for i := 1 to m do for j := 1 to m do
        if i=j then a[i,j]:=1 else a[i,j]:=0;
    if nb<>0 then for i := 1 to nb do
```

```
            begin
                a[ns+i,m+mn+i]:=(-1);
                for j:=1 to m do if j<>ns+i then a[j,m+mn+i]:=0;
            end;

        (* Aufbereitung und Aufbau des Simplext. *)

        for i:= 1 to m do for j:= 1 to n do
        if xi[i]=xj[j] then
            begin
                kvi[i]:=kvj[j];   cikv[i]:=cjkv[j];   ci[i]:=cj[j];
            end;
        it :=0;
        clrscr;

             (* Schritt 2 *)

        repeat
            for j := 1 to n do
                begin
                    zkv[j] := 0;  z[j] := 0;
                    for i := 1 to m do
                        begin
                            if kv then zkv[j] := zkv[j]+cikv[i]*a[i,j];
                            z[j]  :=  z[j]+ci[i]*a[i,j];
                        end;
                    if kv then zckv[j] := zkv[j]-cjkv[j];
                    zc[j]  :=  z[j]-cj[j];
                end;
            obkv:=0;  ob := 0;
            if kv then for i:=1 to m do
                if kvi[i] then obkv:=obkv-cikv[i]*b[i];
            obkv:=pt*obkv;
            for i:=1 to m do ob := ob-ci[i]*b[i];
            ob := pt*ob;
            if prnt>1 then begin
  clrscr;  writeln(out,'Iteration  Nr.  ',it);
  writeln(out,'---------------');  writeln(out);
  writeln(out,'Wert(e)  der  Basisvariablen:');
  for i := 1 to m do writeln(out,'X[':15,xi[i],']:  ',writ(b[i]));
  writeln(out);  n1:=1;  n2:=8;
  if n2>n then n2 := n;
  while n1<=n2 do begin
    weiter(nout);  writeln(out);
    writeln(out,'Koeff.  Matrix  a[i,j]:');
    writeln(out,'---------------------');
    n4 :=60;  n3 :=10;
    for i := 1 to m do begin
      writeln(out);
      for j := n1 to n2 do write(out,a[i,j]:9,'  ')
    end;
    writeln(out);  writeln(out);
    writeln(out,'Formkoeffizienten  :');
    for i:=n1 to n2 do begin
      if kv then begin
        write(out,writ(-zckv[i]),'*M');
        if -zc[i]>=0 then write(out,'+') else write(out,'-');
        write(out,writ(abs(-zc[i])),'  ');  end
      else  write(out,writ(-zc[i]),'  ');  end;
    writeln(out);  writeln(out);
    writeln(out,'Reihenfolge  der  Variablen:');
    for i := n1 to n2 do write(out,'X[',xj[i],'];  ');
    n1 := n1+8;  n2 := n2+8;
    if n2>n then n2 := n;
  end;
  writeln(out);  writeln(out);  write(out,'Zielfkt.  z=');
  if kv then begin
    write(out,writ(obkv),'*M');
    if ob>=0 then write(out,'+') else write(out,'-');
    writeln(out,writ(abs(ob)));  end
  else  writeln(out,writ(ob));
  weiter(nout);
end;
clrscr;
it := it+1;  cmkv:=0;
if kv then begin
  cmkv:=zckv[1];
  for j := 1 to n do
    if (not kvj[j])and(zckv[j]>cmkv+zero) then begin
      cmkv := zckv[j];
```

```
      jm := j
    end;
end
else  jm:=1;
cm  :=  zc[jm];
for j := 1 to n do
  if  ((not  kv)or(abs(zckv[j]-cmkv)<zero))and(zc[j]>cm)
  then begin
    cm  :=  zc[j];
    jm := j
  end;
writeln(out);

                (* Schritt 3 *)

if  (cmkv<0)or((cmkv=0)and(cm<=0))or((not  kv)and(cm<=0))  then
begin
  m3 := m+mn;
  m0  :=  m+1;
  if  m<>ns  then  begin
    for i := 1 to n do begin
      m4 := ns + 1;
      for j := m4 to m do
      if  xi[i]  =  xj[j]  then  begin
        writeln(out);
        writeln(out,
        ' Zulaessiger  Bereich  des  Ausgangsproblems  ist  leer!');
        goto  mark1;
      end;
    end;
  end;
  zk  :=  false;
  for k := m0 to m3 do begin
    xk  :=. false;
    for i := 1 to m do
    if  xj[k]  =  xi[i]  then  xk  :=  true;
    if  xk=false  then  if  (zckv[k]=0)and(zc[j]=0)  then  zk  :=  true;
  end;
  if zk = true then writeln(out,'* Mehrere Loesungen moeglich *');
  writeln(out);  writeln(out);  writeln(out);
  writeln(out,'***  Optimale  Loesung  gefunden  ***');
  writeln(out,'***  Nach  ',it-1,'  Iterationen  ***');
  lo:=true;  xk  :=  true;
  for i := 1 to m do
  if  b[i]=0.0  then  xk  :=  false;
  if xk = false then begin
    writeln(out);  writeln(out,'***  Degenerierte  Loesung  ***');
  end;
  writeln(out);  writeln(out,'------------------------');
  writeln(out,'  Entsch.  Variablen  Wert  ');
  writeln(out,'------------------------');
  for i := 1 to m do begin
    writeln(out,'X[':8,xi[i],']','=':3,writ(b[i]));
    if  xi[i]<=mn  then  x[xi[i]]:=b[i];  end;
  writeln(out,'!  Beachte  !');
  writeln(out,'Alle  Variablen,  die  in  dieser  Tabelle');
  writeln(out,'nicht  gezeigt  werden,  haben  den  Wert  0');
  writeln(out,'-------------------------------------');
  if  pt  =  1  then  writeln(out,'Maximum  Z  =  ',writ(ob));
  if  pt  =-1  then  writeln(out,'Minimum  Z  =  ',writ(ob));
  writeln(out,'-------------------------------------');
  im := -5;
end  { cm<=0 }  else  begin

                (* Schritt 4 *)

  xm  :=  1.0e+30;  im  :=  0;
  for i := 1 to m do begin
    if  a[i,jm]>0.0  then  begin
      xx  :=  b[i]/a[i,jm];
      if xx < xm then begin
        xm := xx;
        im := i
      end
    end
  end;
  if im<=0 then begin
    writeln(out,'***  Keine  Loesung,  da  ZF  unbeschraenkt  ***');
    goto  mark1;
  end  else  begin
```

```
            (* Schritt 5 *)

xx  :=  a[im,jm];  b[im]:=b[im]/xx;
    for  j  :=  1  to  n  do  a[im,j]:=a[im,j]/xx;
    for  i  :=  1  to  m  do  begin
      if  i<>im  then  begin
        xx:=a[i,jm];   b[i]:=b[i]-xx*b[im];
        for  j  :=  1  to  n  do  a[i,j]:=a[i,j]-xx*a[im,j];
      end
    end;
    ciKv[im]:=cjKv[jm];   ci[im]:=cj[jm];
    Kvi[im]:=Kvj[jm];   xi[im]:=xj[jm];
  end
end;  {  cm<=0  }
until  im<=0;
marki:end;  {simi}
```

(*** Rahmenprogramm zum Simplexverfahren ***)

```
procedure  Sim(n,mle,mge,me:integer;  min:boolean;  c:rvdim;
             a:rmcondim;  b:rvcon;  prnt:byte;  var  x:rvdim;
             var  lo:boolean;  var  out:text;  nout:str);

(*
ns,nb,ne: Anzahl der '<=', '>=' und '='-Nebenbedingungen
*)

var   m,ni,i,j,p:integer;
  ci:rvp;
  ai:rmconp;
begin
m:=mle+mge+me;  ni:=m+n+mge;
for  i:=1  to  n  do  ci[m+i]:=c[i];
for  i:=1  to  m  do  for  j:=1  to  n  do  ai[i,m+j]:=a[i,j];
if  min  then  p:=-1  else  p:=1;
simi(m,ni,n,mle,mge,me,p,ci,ai,b,prnt,x,lo,out,nout);   end;   {sim}
```

(* Revidiertes Simplexverfahren *)

```
procedure   rsimi(n,n0,ni,lc,gc,ec,m2,p,mi,m,pi:integer;
              a :rmconp;  var  b  :  rmconcon;  prnt:byte;
              x:rvdim;  lo:boolean;  var  out:text;  nout:str);
label  marki;
const   zero=1e-10;
var
     k,s,j,r,l,ss,i,ml,mm   :   integer;
     bs:  ivcon;
     nb: ivp;
     v: rvcon;
     c,sl,cKv,amiKv:  rvp;
     min,df,rt,par,pv,f,minKv   :   real;
     dK,zK,Kv,Kvinb  :  boolean;

procedure  drumra(m,n,mi,nip,gc,ec:integer;  a:rmconp;  amiKv:rvp;
                  Kv:boolean;  var  out:text;  nout:str);
var  i,j,ni,n2  :  integer;
begin
writeln(out);  ni  :=  0;  n2  :=  7;
if  n2>n  then  n2  :=  n;
while  ni<=n2  do  begin
  writeln(out,'Koeff.   Matrix   a[',m,',',n,']');
  writeln(out,'_____________________________');
  for  i:=1  to  m  do  begin
    writeln(out);
    for  j  :=  ni  to  n2  do  begin
      if   (Kv)and(i=mi)and(j>nip)and(j<=nip+gc+ec)  then  begin
        write(out,writ(amiKv[j]):3,'*M');
        if   a[i,j]>=0   then   write(out,'+')   else   write(out,'-');
        write(out,writ(abs(a[i,j])):3,'   ');   end
      else   write(out,a[i,j]:9,'   ');   end;
  end;
  ni  :=  ni+8;  n2  :=  n2+8;
  if  n2>n  then  n2  :=  n;
  weiter(nout);
end
end;  {drumra}
```

```
procedure drumrb(m,n,m1: integer; b: rmconcon; var out:text; nout:str);
var i,j,n1,n2 : integer;
begin
writeln(out); n1 := 0; n2 := 7;
if n2>n then n2 := n;
while n1<=n2 do begin
  writeln(out,'Koeff.  Matrix  b[',m,',',n,']');
  writeln(out,'________________________________');
  for i:=1 to m do begin
    writeln(out);
    for j := n1 to n2 do write(out,b[i,j]:9,'  ');
  end;
  n1 := n1+8; n2 := n2+8;
  if n2>n then n2 := n;
  weiter(nout);
end
end; {drumrb}

procedure retu(kvinb:boolean; n,ss,r,m1,m2:integer; var par:real;
               b:rmconcon; c:rvp; bs:ivcon; var out:text; nout:str);
var i,j : integer;
begin
clrscr;
if kvinb then begin
  writeln(out,
  'Noch in Phase 1 (Basis enthaelt noch kuenstliche Variablen)');
end;
par := c[n];
if ss<>1 then begin
 writeln(out,'X[',s,'] kommt in die Basis');
 writeln(out,'X[',bs[r],'] wird aus der Basis entfernt');
end;
drumrb(m2,m1,m1,b,out,nout);
end; {retu}

begin
lo:=false; l:=0; for i:=1 to n do x[i]:=0;
if prnt>1 then begin
  clrscr;
  writeln(out,'Definition der indizierten Variablen :');
  for i:=1 to n do
    writeln(out,'Entscheidungsvariable  ',i,'  =  X[',i,']');
  weiter(nout); end;
for i := 0 to m2 do begin
  for j := 0 to m1 do b[i,j]:=0; end;
for i := 0 to m do bs[i]:=0;
for i := 0 to p do nb[i]:=0;
for i := 0 to p do begin c[i]:=0; ckv[i]:=0; end;
for i := 0 to p do sl[i]:=0;
for i := 0 to m2 do v[i]:=0;
for i:=1 to p do amikv[i]:=0;
if gc<>0 then
  if prnt>1 then
    writeln(out,'Umformung der ">="-NB --> Schlupfvariablen:');
  for i:=1 to gc do begin
    a[i,n+i]:=-1;
    if prnt>1 then writeln(out,'NB ',i,' --> X[',n1+i,']');
    a[i,n1+i]:=1;
    amikv[n1+i]:=1; {Koeffizient der kuenstlichen Variablen}
    a[m1,n1+i]:=0;
    b[m2,i]:=-1;
    b[i,i]:=1;
    a[m2,n1+i]:=1;
    bs[i]:=n1+i;
    b[i,0]:=a[i,0];
  end;
if (gc<>0)and(prnt>1) then weiter(nout);
if ec<>0 then for i:=gc+1 to gc+ec do begin
  a[i,n1+i]:=1;
  amikv[n1+i]:=1; {Koeffizient der kuenstlichen Variablen}
  a[m1,n1+i]:=0;
  b[i,i]:=1;
  a[m2,n1+i]:=1;
  bs[i]:=n1+i;
  b[m2,i]:=-1;
  b[i,0]:=a[i,0];
end;
if lc<>0 then
  if prnt>1 then
    writeln(out,'Umformung der "<="-NB --> Schlupfvariablen:');
```

```
  for i:= gc+ec+1 to gc+ec+lc do begin
    if prnt>1 then writeln(out,'NB ',i,' --> X[',n+i-ec,']');
    a[i,n+i-ec]:=1;
    b[i,i]:=1;
    bs[i]:=n+i-ec;
    b[i,0]:=a[i,0];
  end;
if (lc<>0)and(prnt>1) then weiter(nout);
b[m1,m1]:=1;  b[m2,m1]:=1;
mm := gc + ec;
ss := 0;
clrscr;
if mm=0 then begin kv:=false; kvinb:=false; end
else begin

            (* Schritt 1 *)

    if prnt>1 then begin
     writeln(out,'Umformung der ">="- und "="-NB ',
     '--> kuenstliche Variablen:');
  writeln(out,
  'M bedeutet im folgenden eine genuegend grosse Konstante');
  weiter(nout); end;
  kv:=true; kvinb:=true; l := 1; n0 := p;
  for i := 1 to mm do begin
    b[m2,0]:=b[m2,0]-b[i,0];
  end;
end;
ml := m1 + l;
if prnt>1 then begin
  writeln(out,'Anfangstableau');
  writeln(out,'==============');  writeln(out);
  drumra(m+2,p,m1,n1,gc,ec,a,am1kv,kv,out,nout);
end;
for i := 1 to p do nb[i]:=0;
for i:=1 to m do begin
  j := bs[i];
  nb[j]:=1;
end;

            (* Schritt 2 + Schritt 3 *)

repeat
zk := false;
minkv:=0; min := 0;
s := 0;
pv := 0.0;
ml := m1+l;
for j := 1 to n0 do begin
  ckv[j]:=0;  c[j]:=0;
  if nb[j]<>1 then begin
    for i:=1 to m do begin
      c[j]:=c[j]+b[ml,i]*a[i,j];
    end;
    c[j]:=c[j]+a[ml,j]; if ml=m1 then ckv[j]:=ckv[j]+am1kv[j];
    if (kv)and(ckv[j]<minkv-zero) then begin
      minkv:=ckv[j]; min:=c[j]; s:=j; end;
    if ((not kv)or(abs(ckv[j]-minkv)<zero))and(c[j]<min-zero)
    then begin
      min := c[j];
      s := j
    end
  end
end;
if kv then begin
  kvinb:=false;
  for i:=1 to m do
    if (bs[i]>=n1+1)and(bs[i]<=n1+gc+ec) then kvinb:=true; end;
if s=0 then begin
  if l=0 then begin
    clrscr;
    writeln(out,'Optimale Loesung gefunden');
    writeln(out,'______________________________'); writeln(out);
    writeln(out,'Entscheidungsvariablen  Wert');
    writeln(out,'______________________________');
    writeln(out);
    for i := 1 to m do begin
      j := bs[i];
      sl[j]:=b[i,0]; if j<=n then x[j]:=b[i,0]; lo:=true;
      writeln(out,'X[':16,j,']','=   ':2,writ(b[i,0]))
```

```
    end;
    f:=pi*b[m1,0];
    writeln(out);  writeln(out,'!  Beachte  !':25);
    writeln(out,'Alle  Variablen,  die  in  dieser  Tabelle':51);
    writeln(out,'nicht  gezeigt  werden,  haben  den  Wert  Null':55);
    writeln(out,'_______________________________________________':55);
    writeln(out); writeln(out,'Wert der Zielfunktion Z :  ':43,writ(f));
    writeln(out,'                ______________________________':42,
         '______________________');
    writeln(out);  weiter(nout);
    ss := 1;
    retu(kvinb,n0,ss,r,m1,m2,par,b,c,bs,out,nout);
  end  {  l=0  }else  begin
    if  (kvinb)and(abs(b[m1,0])>=zero)  then  begin
      clrscr;
      writeln(out,'Zulaessiger  Bereich  ist  leer');
      writeln(out,
      'Summe  der  Kuenstlichen  Variablen  =  ',writ(-b[m1,0]));
      goto  marki;
    end  else  begin
      zk  :=  true;
      writeln(out);  writeln(out,'Phase  1  beendet');  weiter(nout);
      l := 0;
      n0 := n1
    end
  end;  {  l<>0  }
end  {  s=0  }  else  begin  {  s<>0  }

              (* Schritt 5 *)

  min  :=  1e20;
  r:=0;
  for  i  :=  1  to  m1  do  begin
    v[i]:=0;
    for  j  :=  1  to  m1  do  begin
      v[i]:=v[i]+b[i,j]*a[j,s];
    end;
  end;
  v[m1]:=c[s];
  for  i  :=  1  to  m  do  if  v[i]>0  then  begin
    j := 0;
    repeat
      dk  :=  false;
      rt  :=  b[i,j]/v[i];
      df  :=  rt  -  min;
      if  df<0  then  begin
        r := i;
        min  :=  b[i,0]/v[i]
      end;
      if  df=0  then  begin
        dk  :=  true;
        j  :=  j+1;
        min  :=  b[r,j]/v[r]
      end;
    until  dk  =  false;
  end;

              (* Schritt 4 *)

  if  r=0  then  begin
    writeln(out,'***  Keine  Loesung,  da  ZF  unbeschraenkt  ***');
    goto  marki;
  end  {  r=0  }  else  begin  {  r<>0  }
    zk  :=  true;
    if  prnt>1  then  retu(kvinb,n0,ss,r,m1,m2,par,b,c,bs,out,nout);
    pv  :=  v[r];
    for  j  :=  0  to  m1  do  begin
      b[r,j]:=b[r,j]/pv;
    end;
    for  i  :=  1  to  m1  do  begin
      if  i<>r  then  begin
        for  j  :=  0  to  m1  do  begin
          b[i,j]:=b[i,j]  -  v[i]*b[r,j];
        end;
      end;
    end;

              (* Schritt 6 *)

    j  :=  bs[r];
```

```
    nb[j]:=0;
    nb[s]:=1;
    bs[r]:=s;
  end;  {   r<>0   }
end;  {  s<>0  }
until  zk=false;
marki:end;  {rsimi}
```

(* Rahmenprogramm zum revidierten Simplexverfahren ***)**

```
procedure  rSim(n,mle,mge,me:integer;  min:boolean;  c:rvdim;
                 a:rmcondim;  b:rvcon;  prnt:byte;  var  x:rvdim;
                 var  lo:boolean;  var  out:text;  nout:str);
var   n0,n1,m1,m2,p,i,j,m,p1:integer;
  a1:rmconp;  b1:rmconcon;
begin
n1:=mge+mle+n;  n0:=n1;  m:=mge+mle+me;  m1:=m+1;  m2:=m+2;
p:=n1+mge+me;
if  min  then  p1:=-1  else  p1:=1;
for  i:=0  to  m2  do  for  j:=0  to  p  do  a1[i,j]:=0;
for  i:=1  to  n  do  a1[m1,i]:=-p1*c[i];
for  i:=1  to  mle  do  begin
  a1[mge+me+i,0]:=b[i];
  for  j:=1  to  n  do  a1[mge+me+i,j]:=a[i,j];  end;
for  i:=1  to  mge  do  begin
  a1[i,0]:=b[i+mle];
  for  j:=1  to  n  do  a1[i,j]:=a[i+mle,j];  end;
for  i:=1  to  me  do  begin
  a1[mge+i,0]:=b[i+mle+mge];
  for  j:=1  to  n  do  a1[mge+i,j]:=a[i+mle+mge,j];  end;
rsimi(n,n0,n1,mle,mge,me,m2,p,m1,m,p1,a1,b1,prnt,x,lo,out,nout);
end;  {rsim}
```

(* Ellip: Ellipsoidverfahren von KHACHIYAN ***)**

```
procedure  Ellip(n,m:integer;  min:boolean;  c:rvdim;  a:rmcondim;
                 b:rvcon;  l0:real;  eps:real;  l:integer;  prnt:byte;
                 var  x:rvdim;  var  lo:boolean;  var  out:text);

(*
m: Anzahl der '<=' -Nebenbedingungen
*)

var   m1,n1,i,j,mi:integer;
  lr,f:real;
  q:rvdim;
  y:rvdpc;
  b1:rmdm2dpc;
  c1:rvdm2;
  bd:rmdpcdpc;

  (*** Loesung des Ungleichungssystems beim Ellipsoidverfahren ***)

procedure  ellip1(n,m:integer;  b:rmdm2dpc;  c:rvdm2;
                  lr:real;  bd:rmdpcdpc;  var  y:rvdpc;
                  eps:real;  l:integer;  var  lo:boolean;
                  prnt:byte;  var  out:text);
var   it,i0,i,j:integer;
 max,s,gam,tau,ne:real;
 p:rvdpc;
 bb,et:rmdpcdpc;
begin
lo:=false;   it:=0;
repeat
  it:=it+1;   i0:=1;   max:=-c[1];

                 (* Schritt 1 *)

  for  j:=1  to  n  do  max:=max+b[1,j]*y[j];
  for  i:=2  to  m  do  begin
    s:=-c[i];
    for  j:=1  to  n  do  s:=b[i,j]*y[j]+s;
    if  max<s  then  begin  max:=s;  i0:=i;  end;
  end;
  if  prnt>1  then  begin
    writeln(out);   writeln(out,'Iteration   ',it,':');
    for  i:=1  to  n  do  write(out,writ(y[i]),'  ');
```

```
    if (max>0) then begin
      writeln(out); writeln(out,i0,'-te Ungleichung maximal verletzt');
      writeln(out,'Wert: ',max); end;
  end;

                  (* Schritt 2 *)
  if max<=eps then begin
    writeln(out,'Abbruchtest erfuellt!'); lo:=true; exit; end;


                  (* Schritt 3 *)

  if it>=l then begin
    writeln('Maximale Iterationszahl erreicht!');
     lo:=false;
     exit; end;

                  (* Schritt 4 *)

  for i:=1 to n do begin
    p[i]:=0;
    for j:=1 to n do p[i]:=p[i]+bd[i,j]*b[i0,j]; end;
  ne:=0; for j:=1 to n do ne:=ne+b[i0,j]*p[j];
  for i:=1 to n do for j:=1 to n do bb[i,j]:=p[i]*p[j];
  tau:= (n*n)/(n*n-1); gam:=2/(n+1);
  for i:=1 to n do y[i]:=y[i]-(1/(n+1))*p[i]/sqrt(ne);
  for i:=1 to n do for j:=1 to n do
    bd[i,j]:=tau*bd[i,j]-gam*bb[i,j]/ne;
until lo;
end; {ellip1}

begin {ellip}
if min then mi:=1 else mi:=-1;
n1:=m+n; m1:=2*n1+1;
for i:=1 to m1 do begin
  for j:=1 to n1 do b1[i,j]:=0;
  c1[i]:=0; end;
for i:=1 to m do
  for j:=1 to n do begin
    b1[i,j]:=a[i,j]; b1[m+j,n+i]:=a[i,j]; end;
for i:=1 to n do b1[n1+1,i]:=mi*c[i];
for i:=1 to m do begin
  b1[n1+1,n+i]:=-b[i]; c1[i]:=b[i]; end;
for i:=1 to n do b1[n1+1+i,i]:=-1;
for i:=n+1 to n1 do b1[n1+1+i,i]:=1;
for i:=1 to n do c1[m+i]:=mi*c[i];
if l0=0 then begin
  lr:=0;
  for i:=1 to m1 do for j:=1 to n1 do
    lr:=lr+ln(abs(b1[i,j])+1)/ln(2);
  for i:=1 to m1 do lr:=lr+ln(abs(c1[i])+1)/ln(2);
  lr:=lr+ln(m1*n1)/ln(2)+1; lr:=int(lr);
  writeln(
  'Falls es sich um ein ganzzahliges Problem handelt, ist theoretisch');
  writeln(
  'gesichert, dass 2,writ(lr),' eine obere Schranke fuer den');
  writeln('Abstand der Loesung zum Nullpunkt ist!');
  writeln(
  'Falls diese Zahl zu gross oder das Problem nicht ganzzahlig ist,');
  writeln(
  'wird fuer die Rechnung eine andere geeignete obere Schranke');
  writeln('benoetigt!'); exit; end
else lr:=ln(l0)/ln(2);
lr:=int(lr);
for i:=1 to n1 do begin
  y[i]:=0;
  for j:=1 to n1 do
    if i=j then begin
      bd[i,j]:=pow(2,round(lr)); bd[i,j]:=bd[i,j]*bd[i,j]; end
    else bd[i,j]:=0;
end;
if prnt>1 then begin
  writeln(out,'Loesung eines linearen Ungleichungssystems');
  writeln(out,'mit ',n1,' Variablen und ',m1,' Ungleichungen:');
  writeln(out); end;
ellip1(n1,m1,b1,c1,lr,bd,y,eps,l,lo,prnt,out);
if lo then begin
  writeln(out); writeln(out);
  if prnt>1 then writeln(out,'Urspruengliches Problem:');
```

```
  for i:=1 to n do x[i]:=y[i];
  f:=0; for i:=1 to n do f:=f+mi*c[i]*x[i]; f:=mi*f;
  writeln(out); writeln(out,'Loesung:');
  for i:=1 to n do write(out,writ(x[i]),' ');
  writeln(out); writeln(out); writeln(out,'Wert der ZF = ',writ(f));
end;
end; {ellip}
```

(*** Pro : Projektionsfahren von KARMARKAR ***)

```
procedure Pro(n,m:integer; min:boolean; c:rvdim; a:rmcondim;
          b:rvcon; eps:real; l:integer; a0:rvdim; prnt:byte;
          var x:rvdim; var lo:boolean; var out:text);

(*
m: Anzahl der '='-Nebenbedingungen
eps: Abbruchschranke
l: maximale Iterationszahl
a0: zulaessiger Anfangspunkt
*)

var ai:rmcondim; ci:rvdim; xi:rvdim;
i,j,ni,mi,mi:integer; q,f:real;
```

(*** KARMARKAN-Verfahren ***)

(*** Loesung des modifizierten Problems ***)

```
procedure proi(n,m,l:integer; ai:rmcondim; c:rvdim; eps,al:real;
var x:rvdim; prnt: byte; var lo:boolean; var out:text);
var  it,i,j,k:integer;  d,be,ne,no,fu:real;
  a:rmconcon; b:rmcondim; p:rvdim; y:rvcon;
  err:boolean;
begin
lo:=false; for i:=1 to n do x[i]:=1/n; it:=0;
repeat
  it:=it+1;

                 (* Schritt 1 *)

  for j:=1 to n do begin
    for i:=1 to m do begin
      p[j]:=c[j]*x[j];  b[i,j]:=ai[i,j]*x[j];  end;
    b[m+1,j]:=1;  end;

                 (* Schritt 2 *)

  for i:=1 to m+1 do for j:=1 to m+2 do a[i,j]:=0;
  for i:=1 to m+1 do for j:=1 to m+1 do for k:=1 to n do
    a[i,j]:=a[i,j]+b[i,k]*b[j,k];
  for i:=1 to m+1 do begin
    a[i,m+2]:=0;
    for j:=1 to n do a[i,m+2]:=a[i,m+2]+b[i,j]*p[j]; end;
  qr(m+1,m+1,y,a,d,err); if err then exit;
  for i:=1 to n do for j:=1 to m+1 do p[i]:=p[i]-b[j,i]*a[j,m+2];
  be:=al/sqrt(ni*(ni-1));
  no:=0; for i:=1 to n do no:=no+p[i]*p[i]; be:=be/sqrt(no);
  for i:=1 to n do begin p[i]:=be*p[i]; p[i]:=-p[i]+1/n; end;

                 (* Schritt 3 *)

  ne:=0; for i:=1 to n do ne:=ne+x[i]*p[i];
  for i:=1 to n do x[i]:=x[i]*p[i]/ne;
  fu:=0; for i:=1 to n do fu:=fu+c[i]*x[i];
  if prnt>1 then begin
    writeln(out,'Iteration ',it,' :'); writeln(out,'x: ');
    for i:=1 to n do write(out,writ(x[i]),' ');

                 (* Schritt 4 *)

    writeln(out); writeln(out,'Wert der ZF = ',writ(fu)); writeln(out);
    if (abs(fu)<=eps) then begin
      lo:=true; writeln(out,'Abbruchtest erfuellt!'); end;
  end;
until (abs(fu)<=eps)or(it>=l);
end; {proi}
```

```
begin {pro}
if min then mi:=1 else mi:=-1;

(* Umformung des Ausgangsproblems in die zur Durchfuehrung des *)
(*             Projektionsverfahrens noetige Gestalt         *)

n1:=n+1;
for i:=1 to n do c1[i]:=mi*c[i]*a0[i]; c1[n+1]:=0;
for i:=1 to m do begin
  for j:=1 to n do a1[i,j]:=a[i,j]*a0[j];
  a1[i,n+1]:=-b[i]; end;
if prnt>1 then begin
  writeln(out,'Modifiziertes Problem:'); writeln;
  writeln(out,'Koeffizienten der ZF:');
  for i:=1 to n1 do write(out,writ(c1[i]),' ');
  writeln(out); writeln(out);
  for i:=1 to m do begin
    writeln(out,'Koeffizienten der NB ',i,' :');
    for j:=1 to n1 do write(out,writ(a1[i,j]),' '); writeln(out); end;
  writeln(out); end;
proj(n1,m,l,a1,c1,eps,0.25,x1,prnt,lo,out);
for i:=1 to n do x[i]:=a0[i]*x1[i]/x1[n+1];
f:=0; for i:=1 to n do f:=f+mi*c[i]*x[i]; f:=mi*f;
writeln(out); if prnt>1 then writeln(out,'Urspruengliches Problem:');
writeln(out); writeln(out,'Loesung:');
for i:=1 to n do write(out,writ(x[i]),' ');
writeln(out); writeln(out); writeln(out,'Wert der ZF = ',writ(f));
end; {pro}
```

```
{*****************************************************************}
{*** Nutzerunterstuetzung fuer die quadratische Optimierung ***}
{*****************************************************************}

(*** Ausgabe der Problemdaten zur quadratischen Optimierung ***)
(***                  in das File "name"                   ***)

procedure qowf(v:byte;  n,m,me:integer;  c:rmdimdim;  cd:rvdim;
              a:rmcondim;d:rvdim;  b:rvcon;  xl,xu:rvdim;  eps:real;
              l:integer;name:str);
var
  hi:char;probfil:text;i,j:integer;

begin
assign(probfil,name);  rewrite(probfil);
case v of
 1:  writeln(probfil,
    '/qld  min(x''*c*x+d*x)  bei  ax<=b;  Verfahren  v.  Goldfarb/Idnani');
 2:  writeln(probfil,
    '/rela  min(x''*c*x+d*x)  bei  ax<=b;  Relaxationsverfahren');
end;
writeln(probfil,n,'  n  Dimension  des  Problems');
writeln(probfil,m,'  m  Anzahl  der  Nebenbedingungen');
if  v=1  then
  writeln(probfil,me,'  me  Anzahl  der  Gleichungsnebenbedingungen');
if  v=1  then
  for  i:=1  to  n  do  for  j:=1  to  i  do
    writeln(probfil,writ(c[i][j]),'    c[',i,',',j,']');
if  v=2  then
  for  i:=1  to  n  do
    writeln(probfil,writ(cd[i]),'    c[',i,',',i,']');
for  i:=1  to  n  do
  writeln(probfil,writ(d[i]),'    d[',i,']');
for  i:=1  to  m  do
  for  j:=1  to  n  do
    writeln(probfil,writ(a[i][j]),
    '  Koeff.  vor  x[',j,']  in  der  NB  ',i);
for  i:=1  to  m  do
  writeln(probfil,writ(b[i]),'  Konstante  in  der  NB  ',i);
if  v=1  then  begin
  for  i:=1  to  n  do
    writeln(probfil,writ(xl[i]),
    '  untere  Schranke  der  ',i,'-ten  Komponente');
  for  i:=1  to  n  do
    writeln(probfil,writ(xu[i]),
    '  obere  Schranke  der  ',i,'-ten  Komponente');  end;
if  v=2  then  begin
  writeln(probfil,writ(eps),'  Abbruchschranke');
  writeln(probfil,l,'  maximale  Iterationszahl');  end;
close(probfil);
end;  {qowf}


(*** Eingabe der Problemdaten zur quadratischen Optimierung ***)
(***                      im Dialog                         ***)

procedure qord(v:byte;  var  n,m,me:integer;  var  c:rmdimdim;  var
              cd:rvdim;  var  a:rmcondim;  var  d:rvdim;  var  b:rvcon;
              var  xl,xu:rvdim;  var  eps:real;  var  l:integer;
              var  ab:boolean);
(*
ab=true: es erfolgte ein Abbruch der Eingabe durch den Nutzer
*)

var
 i,j:integer;

begin
writeln('Eingabe  der  Problemdaten  (Eingabeabbruch  mittels  <!>)');
ab:=false;
write('Dimension  des  Problems:  ');
n:=rint(true,true,1,MAXDIM,ab);  if  ab  then  exit;
write('Anzahl  der  Nebenbedingungen:  ');
m:=rint(true,true,0,MAXCON,ab);  if  ab  then  exit;
if  (m>0)and(v=1)  then  begin
  write('Anzahl  der  Gleichungsnebenbedingungen:  ');
  me:=rint(true,true,0,m,ab);
end
```

```
else  me:=0;
if (ab) then exit;
if v=1 then begin
  for i:=1 to n do
    for j:=1 to i do begin
      write('c[',i,',',j,']:     ');
      c[i,j]:=rreal(false,false,0,0,ab); if ab then exit; end;
  for i:=1 to n-1 do for j:=i+1 to n do
  c[i,j]:=c[j,i]; {Falls v=1, so ist c symmetrisch}
end;
if v=2 then
  for i:=1 to n do begin
    write('c[',i,',',i,']:   ');  cd[i]:=rreal(true,false,0,0,ab);
    if ab then exit; {Falls v=2, so ist c eine Diagonalmatrix}
  end;
for i:=1 to n do begin
  write('d[',i,']:    ');
  d[i]:=rreal(false,false,0,0,ab); if ab then exit; end;
for i:=1 to m do begin
  for j:=1 to n do begin
    write('a[',i,',',j,']:     ');
    a[i,j]:=rreal(false,false,0,0,ab); if ab then exit; end;
end;
for i:=1 to m do begin
  write('b[',i,']:    ');
  b[i]:=rreal(false,false,0,0,ab); if ab then exit; end;
if v=1 then begin
  for i:=1 to n do begin
    write('untere Schranke fuer x[',i,']: ');
    xl[i]:=rreal(false,false,0,0,ab); if ab then exit; end;
  for i:=1 to n do begin
    write('obere Schranke fuer x[',i,']: ');
    xu[i]:=rreal(true,false,xl[i],0,ab); if ab then exit; end;
end;
if v=2 then begin
  write('Abbruchschranke: '); eps:=rreal(true,false,0,0,ab);
  write('maximale Iterationszahl: '); l:=rint(true,false,1,0,ab); end;
end; {qord}


    (*** Rahmenprogramm zur Nutzerunterstuetzung fuer die ***)
    (***           quadratische Optimierung           ***)

procedure nuopq;
var
  v:byte;
  n,m,me,l: integer;
  eps:real;
  c:rmdimdim; a:rmcondim; cd,d:rvdim; b:rvcon;
  xl,xu: rvdim;
  ab: boolean;
  name:str;
begin
ab:=false; clrscr;
writeln('Q U A D R A T I S C H E    O P T I M I E R U N G':35);
writeln; writeln('x"*c*x+d*x  =  min!  bei':20);
write('a[j]*x  =  b[j]  ,  j=1,...,me':10);
writeln('  a[j]*x  <=  b[j]  ,  j=me+1,...,m');
writeln(' (c positiv definit, symmetrisch bei Verfahren 1;');
writeln(' c ausserdem Diagonalmatrix und me=0 bei Verfahren 2)');
writeln('xl <= x <= xu bei Verfahren 1'); writeln;
writeln('Auswahl des Loesungsverfahrens:');
writeln('1 Verfahren von Goldfarb und Idnani');
writeln('2  Relaxationsverfahren');
repeat
  v:=byte(rint(true,true,1,2,ab));
until ab=false;
writeln;
qord(v,n,m,me,c,cd,a,d,b,xl,xu,eps,l,ab); if ab then exit; clrscr;
writeln(
'Die Problemdaten werden nun in ein File geschrieben!');
write('Name des Files: '); readln(name);
qowf(v,n,m,me,c,cd,a,d,b,xl,xu,eps,l,name);
writeln('Die Durchfuehrung der Rechnung ist von der');
writeln('Betriebssystemkommandoebene aus mittels');
writeln('qo');
writeln('moeglich, wobei nach Anfrage das soeben erzeugte');
writeln('Datenfile ',name,' angegeben werden muss!');
gotoxy(1,25); write('Bitte <Enter> druecken!'); readln;
end; {nuopq}
```

```
        (************************************************)
        (*** Durchfuehrung der quadratischen Optimierung ***)
        (************************************************)

program qo;
{$I  nuopba.pas}
{$I  optlibq.pas}

var  outf:text;
     name:str;

(*** Einlesen der Problemdaten zur quadratischen Optimierung ***)
(***                    vom File 'name'                      ***)

procedure  qorf(var  v:byte;  var  n,m,me:integer;  var  c:rmdimdim;
               var  cd:rvdim;  var  a:rmcondim;  var  d:rvdim;  var  b:rvcon;
               var  xl,xu:rvdim;  var  eps:real;  var  l:integer;
               name:str;  var  error:boolean);

var
  si:str;
  probfil:text;
  i,j:integer;

begin
error:=false;
if  open(probfil,name,1)<>0  then  begin
  error:=true;  exit;  end;
v:=0;   si:=rline(probfil);
if  si='/qld'  then  v:=1;  if  si='/rela'  then  v:=2;
if v=0 then begin
  error:=true;  close(probfil);  exit;  end;
readln(probfil,n);   readln(probfil,m);
if  v=1  then  readln(probfil,me);
if  v=1 then begin
for  i:=1  to  n  do
  for   j:=1   to   i   do   readln(probfil,c[i,j]);
  for   i:=1   to  n-1  do  for   j:=i+1  to   n   do   c[i,j]:=c[j,i];   end;
if  v=2  then  for  i:=1  to  n  do  readln(probfil,cd[i]);
for  i:=1  to  n  do  readln(probfil,d[i]);
for  i:=1  to  m  do  for  j:=1  to  n  do  begin
  readln(probfil,a[i,j]);   if   v=1   then   a[i,j]:=-a[i,j];   end;
for  i:=1  to  m  do  readln(probfil,b[i]);
if  v=1  then  begin
  for  i:=1  to  n  do  readln(probfil,xl[i]);
  for  i:=1  to  n  do  readln(probfil,xu[i]);  end;
if  v=2  then  begin
  readln(probfil,eps);  readln(probfil,l);  end;
close(probfil);  end;  {qorf}


(*** Einlesen der Problemdaten zur quadratischen Optimierung von ***)
(***        einem File und Aufruf des gewuenschten Verfahrens    ***)

procedure  qoi(var  out:text);
(*
out: File fuer die Ergebnisausgabe
*)

label m1;
var   n,m,me,l,mnn,ifail,iprint,lwar,liwar,i,j,ki:integer;c:rmdimdim;
    d:rvdim;  a:rmcondim;  b:rvcon;  war:lwa;iwar:ivcon;  u:umnn;  xl,xu,
    x,cd:rvdim;eps,objfun:real;v:byte;name:str;error:boolean;

begin  {qoi}
clrscr;
write('Name  des  Files  mit  den  Problemdaten:  ');  readln(name);
qorf(v,n,m,me,c,cd,a,d,b,xl,xu,eps,l,name,error);
if  error=true  then  begin
  writeln('Fehler  beim  Lesen  des  Problemdatenfiles  ',name);
  goto  m1;  end;
clrscr;
if  v=2  then  begin
  writeln('2:  Ausfuehrliche  Ausgabe');
  writeln('1:  Nur  Ausgabe  der  Endresultate');
  repeat
    iprint:=byte(rint(true,true,1,2,error));
  until  error=false;
```

```
  clrscr;
end;
writeln('D U R C H F U E H R U N G   D E R   R E C H N U N G');
case v of
1:  writeln(out,
   'V E R F A H R E N   V O N   G O L D F A R B /I D N A N I');
2: writeln(out,'R E L A X A T I O N S V E R F A H R E N');
end;
writeln(out); writeln('Bitte <Enter> druecken!'); readln;
case v of
 1: begin
      for i:=1 to n do for j:=1 to n do c[i,j]:=2*c[i,j];
      mnn:=m+n+2; iprint:=1; iwar[1]:=1; for i:=1 to LW do war[i]:=0;
      ql1(m,me,MAXCON,n,MAXDIM,mnn,c,d,a,b,xl,xu,x,u,ifail,iprint,war,
      LW,iwar,MAXCON,out); end;
 2:   rela(m,n,cd,d,a,b,x,u,eps,l,ifail,iprint,out);
end;
if v=2 then exit;
objfun:=0.0;
for i:=1 to n do begin
  war[i]:=0.0;
  for j:=1 to n do war[i]:=war[i]+ 0.5*x[i]*c[i,j]*x[j];
  objfun:=objfun+war[i]+ d[i] * x[i]
end;

             (* Ausgabe der Resultate (v=2) *)

writeln(out,'Error-Code = ',ifail); writeln(out);
write(out,'Berechnete Loesung:');
for i:= 1 to n do write(out,' ',writ(x[i])); writeln(out); writeln(out);
write(out,'Lagrange-Multiplikatoren der Nebenbedingungen:');
for i:=1 to m do write(out,' ',writ(u[i])); writeln(out); writeln(out);
write(out,'Lagrange-Multiplikatoren der unteren Beschraenkungen:');
for i:=1 to n do write(out,' ',writ(u[m+i])); writeln(out); writeln(out);
write(out,'Lagrange-Multiplikatoren der oberen Beschraenkungen:');
for i:=1 to n do write(out,' ',writ(u[m+n+i])); writeln(out); writeln(out);
writeln(out,'Wert der Zielfunktion: ',writ(objfun));
writeln; writeln('E N D E D E R R E C H N U N G !');
m1:end; {qoi}

begin {qo}
repeat
  clrscr;
  writeln(
  'Name des Files fuer Resultate (oder <Enter> fuer BS-Ausgabe): ');
  readln(name);
  if name='' then qoi(output) else
  begin
    assign(outf,name); rewrite(outf); qoi(outf); close(outf); end;
  writeln('Soll noch eine Rechnung durchgefuehrt werden? j;n ');
until antwort='n';
clrscr;
end. {qo}
```

```
(*******************************************************)
(*** Loesungsverfahren zur quadratischen Optimierung ***)
(*******************************************************)

(* -----------------------------------------------------------------
   Loesung des quadratischen Optimierungsproblems
        0.5*x'*c*x + d'*x = min!
     bei  a(j)*x  +  b(j)  =  0  ,  j=1,...,me
          a(j)*x  +  b(j)  >=  0  ,  j=me+1,...,m
          xl  <=  x  <=  xu
   mittels einer Modifikation eines Verfahrens von GOLDFARB/IDNANI.
-------------------------------------------------------------------- *)
overlay
procedure  ql1(m,meq,mmax,n,nmax,mnn:integer;
               c:rmdimdim; d:rvdim;
               a:rmcondim; b:rvcon;
               xl,xu:rvdim; var x:rvdim;
               var u:umnn; var ifail:integer;
               iprint:integer; var war:lwa;
               lwar:integer; var iwar:ivcon;
               liwar:integer; var out:text);

(*
m:                    Anzahl der Nebenbedingungen
meq:                  Anzahl der Gleichungsnebenbedingungen
mmax:                 Zeilenanzahl von a (mmax>m)
n:                    Dimension des Problems
nmax:                 Dimension von c und d (nmax>=n)
mnn:                  m+2*n
c,d,a,b,xl,xu: beschreiben das Optimierungsproblem
           c muss bei iwar[1]=1 symmetrisch, positiv definit sein;
           bei iwar[1]=0 muss c den Choleski-Faktor der eigentlichen
           Problemmatrix enthalten
x:                 enthaelt bei Programmbeendigung die Loesung
u:                 bei Programmbeendigung enthalten die ersten m Elemente
                   die Lagrangemultiplikatoren der Nebenbedingungen;
                   dann folgen die Lagrangemultiplikatoren der n unteren
                   Beschraenkungen und zum Schluss die Lagrangemultiplikatoren
                   der n oberen Beschraenkungen
ifail=0:           erfolgreiche Programmbeendigung
ifail=5:           Arbeitsfeld zu klein
ifail=10:          Inkonsistenz der Nebenbedingungen
iprint>0:          Ausgabe von Fehlernachrichten
war,iwar:          Arbeitsfelder mit den Laengen lwar und liwar
*)

label  99;
var   f,diag,sum,eps100:real;
      iout,inw1,inw2,iin,lw,mn,idiag,i,j,info,nact:integer;
      lql:boolean;


  (*** Loesung des quadratischen Optimierungsproblems nach der ***)
  (*** in ql1 erfolgten Reorganisation der Eingabedaten ***)

procedure  ql2(n,m,meq,mmax,mn,mnn,nmax: integer;
               lql:boolean;  a:rmcondim;  grad:rvdim;
               g:rmdimdim;  xl,xu:rvdim;  var  x:rvdim;
               var  nact:integer;  var  iact:ivcon;
               var  info:integer;  var  diag:real;
               lw:integer;  var  war:lwa;  var  out:text);
(*
n,m,meq,mmax,mnn,nmax,a,b,xl,xu,x:
               entsprechen den gleichnamigen Parametern von ql1
mn:            m+n
grad:          enthaelt den Gradienten der Zielfunktion
g:             entspricht dem Parameter c von ql1
lql:           bei lql=true ist g symmetrisch, positiv definit;
               bei lql=false enthaelt c den Choleski-Faktor der eigentlichen
               Problemmatrix
nact:          abschliessende Anzahl der aktiven Restriktionen
iact:          abschliessende Nummern der aktiven Restriktionen
info:          bei erfolgreicher Beendigung die Anzahl der Iterationen
diag:          Anzahl der Additionen der Einheitsmatrix zu g, die zwecks
               Erreichung positiver Definitheit ausgefuehrt werden mussten
w:             Arbeitsfeld der Laenge lw
*)
```

```
label 70, 90, 140, 165, 170, 230, 240, 250, 280, 340,
      410, 420, 450, 530, 578, 580, 590, 630, 640, 700, 999;
var
    cvmax,diagr,fdiff,fdiffa,ga,gb,parinc,parnew:real;
    ratio,res,step,sum,sumx,sumy,suma,sumb,sumc,temp:real;
    tempa,xmag,xmagr,vfact:real;
    iwz,iwr,iww,iwd,iwa,ifinc,kfinc,k,i,ia,id,ii:integer;
    ir,ira,irb,j,nm,iz,iza,iterc,itref,jfinc,iflag:integer;
    iws,is,ki,iw,kk,ip,ipp,il,iu,ju,kflag,lflag,jflag:integer;
    kdrop,nu,mflag,knext,ix,iwx,iwy,iy,jl,nflag:integer;
    lower:boolean;
    b:rvcon;
    w:iwa;

        (* Berechnung der Lagrange-Multiplikatoren *)

procedure qld21(lflag : integer);
label 9, 770, 750, 775, 780, 790;
var  j, k  :  integer;
begin
if lflag > 1 then
begin
      ir:=iwr+(nact+nact*nact) div 2;
      i:=nact;
      sum:=0;
      goto 770;
750:   ira:=ir-1;
      sum:=0;
      if nact <> 0 then
      begin
      for j:=i to nact do
      begin
      iw:=iww+j;
      sum:=sum+w[ira]*w[iw];
      ira:=ira+j
      end
      end;
      ir:=ir-i;
      i:=i-1;
770:   iw:=iww+i;
      is:=iws+i;
      w[iw]:=(w[is]-sum)/w[ir];
      if i > 1 then goto 750;
      if lflag = 3 then goto 9;
      if lflag = 4 then goto 9
end;

      (* Berechnung des Index kdrop der naechsten *)
      (*        zu streichenden Restriktion    * )

775:   ip:=iww+1;
      ipp:=iww+nact;
      kdrop:=0;
      if nact <> 0 then
      begin
      for k:=1 to nact do
      begin
      if iact[k] <= meq then goto 790;
      iw:=iww+k;
      if res*w[iw] >= 0 then goto 790;
      temp:=w[k]/w[iw];
      if kdrop = 0 then goto 780;
      if abs(temp) >= abs(ratio) then goto 790;
780:   kdrop:=k;
      ratio:=temp;
790: end
      end;
9:  end; {qld21}

   (* Streichung der Restriktion Nr. kdrop *)

procedure qld22;
label 810;
var i:integer;
begin
      ia:=iwa+iact[kdrop];
      if iact[kdrop] > mn then ia:=ia-n;
      w[ia]:=-w[ia];
      if kdrop <> nact then
      begin
```

```
  (* Ueberschreiben von Indizes und Bestimmung der *)
  (* als naechstes anzuwendenden Rotation  * )

      iz:=iwz+kdrop*n;
      ir:=iwr+(kdrop+kdrop*kdrop) div 2;
810:  ira:=ir;
      ir:=ir+kdrop+1;
      temp:=max(abs(w[ir-1]),abs(w[ir]));
      sum:=temp*sqrt((w[ir-1]/temp)*(w[ir-1]/temp)
      +(w[ir]/temp)*(w[ir]/temp));
      ga:=w[ir-1]/sum;
      gb:=w[ir]/sum;

          (* Spaltentausch in r *)
      for i:=1 to kdrop do
      begin
      ira:=ira+1;
      j:=ira-kdrop;
      temp:=w[ira];
      w[ira]:=w[j];
      w[j]:=temp
      end;
      w[ir]:=0;

          (* Zeilenrotation in r *)

      w[j]:=sum;
      kdrop:=kdrop+1;
      for i:=kdrop to nu do
      begin
      temp:=ga*w[ira]+gb*w[ira+1];
      w[ira+1]:=ga*w[ira+1]-gb*w[ira];
      w[ira]:=temp;
      ira:=ira+1
      end;

          (* Spaltenrotation in r *)

      for i:=1 to n do
      begin
      iz:=iz+1;
      j:=iz-n;
      temp:=ga*w[j]+gb*w[iz];
      w[iz]:=ga*w[iz]-gb*w[j];
      w[j]:=temp
      end;

   (* Ueberschreiben der Indexmenge und der dualen Variablen *)
      iact[kdrop-1]:=iact[kdrop];

      w[kdrop-1]:=w[kdrop];
      if kdrop < nact then goto 810;
      end;
      if nact>0 then nact:=nact-1;
end; {qld22}

  (* Durchfuehrung von Rotationen, damit einige Skalarprodukte *)
  (*              im s-Teil von w Null werden               * )

procedure qld23;
label 870, 880;
var i : integer;
begin
      iz:=iwz+nu*n;
870:   iz:=iz-n;
880:  is:=iws+nu;
      nu:=nu-1;
      if nu <> nact then
      begin
      if w[is] = 0 then goto 870;
      temp:=max(abs(w[is-1]),abs(w[is]));
      sum:=temp*sqrt((w[is-1]/temp)*(w[is-1]/temp)
      +(w[is]/temp)*(w[is]/temp));
      ga:=w[is-1]/sum;
      gb:=w[is]/sum;
      w[is-1]:=sum;
      for i:=1 to n do
      begin
      k:=iz+n;
```

```
      temp:=ga*w[iz]+gb*w[k];
      w[k]:=ga*w[k]-gb*w[iz];
      w[iz]:=temp;
      iz:=iz-1
      end;
      goto 880
      end;
end;  {qld23}

 (* Berechnung der Groesse von x und Ueberschreiben von xmag *)

procedure qld24;
label 920;
var  i  :  integer;
begin
      sum:=0;
      for i:=1 to n do
      begin
      sum:=sum+abs(x[i])*vfact*(abs(grad[i])+abs(g[i,i]*x[i]));
      if lql then goto 920;
      if sum < 1.0e-30 then goto 920;
      vfact:=1.0e-10*vfact;
      sum:=1.0e-10*sum;
      xmag:=1.0e-10*xmag;
920:   end;
      xmag:=max(xmag,sum);
end;  {qld24}

procedure qld25;
var  i,iwwn,j  :  integer;
begin
      j1:=iww+1;
      iz:=iwz;
      for i:=1 to n do
      begin
      is:=iws+i;
      w[is]:=0;
      iwwn:=iww+n;
      for j:=j1 to iwwn do
      begin
      iz:=iz+1;
      w[is]:=w[is]+w[iz]*w[j]
      end
      end;
end;  {qld25}


begin  {ql2}

           (* Setzen von Anfangswerten *)

      iwz:=nmax;
      iwr:=iwz+nmax*nmax;
      iww:=iwr+(nmax*(nmax+3)) div 2;
      iwd:=iww+nmax;
      iwx:=iwd+nmax;
      iwa:=iwx+nmax;
      vfact:=1.0;
      diagr:=2;
      xmagr:=0.01;
      ifinc:=3;
      kfinc:=max0(10,n);

        (* Umspeichern von war auf 2 Teilfelder *)

for i:=1 to mmax do b[i]:=war[i];
for i:=mmax+1 to lw do w[i-mmax]:=war[i];

      (* Bestimmung der Inversen der Betraege der Gradientenvektoren *)
      (*                              der NB                         * )

      nact:=0;
      if m > 0 then
      begin
      for k:=1 to m do
      begin
      sum:=0;
      for i:=1 to n do sum:=sum+a[k,i]*a[k,i];
      if sum <= 0 then
      begin
```

```
        if b[k] <> 0 then
        begin
        info:=-k;
        if (k <= meq) or (b[k] >0) then goto 999
        end
     end
     else  sum:=1/sqrt(sum);
     ia:=iwa+k;
     w[ia]:=sum
     end
     end;
     for k:=1 to n do
     begin
     ia:=iwa+m+k;
     w[ia]:=1
     end;
```

(* Erforderlichenfalls Vergroesserung der Diagonalelemente von g *)

```
     if not lql then goto 165;
     diag:=0;
     for i:=1 to n do
     begin
     id:=iwd+i;
     w[id]:=g[i,i];
     diag:=max(diag,eps100-w[id]);
     if i <> n then
     begin
     ii:=i+1;
     for j:=ii to n do
     begin
     ga:=-min(w[id],g[j,j]);
     gb:=abs(w[id]-g[j,j])+abs(g[i,j]);
     if gb > 0 then ga:=ga+g[i,j]*g[i,j]/gb;
     diag:=max(diag,ga);
     end
     end
     end;
     if diag <= 0 then goto 90;
70:  diag:=diagr*diag;
     for i:=1 to n do
     begin
     id:=iwd+i;
     g[i,i]:=diag+w[id]
     end;
```

(* Bildung der Cholesky-Faktorisierung von g *)

```
90:  ir:=iwr;
     for j:=1 to n do
     begin
     ira:=iwr;
     irb:=ir+1;
     for i:=1 to j do
     begin
     temp:=g[i,j];
     if i <> 1 then
     begin
     for k:=irb to ir do
     begin
     ira:=ira+1;
     temp:=temp-w[k]*w[ira]
     end
     end;
     ir:=ir+1;
     ira:=ira+1;
     if i < j then w[ir]:=temp/w[ira]
     end;
     if temp < eps100 then goto 140;
     w[ir]:=sqrt(temp)
     end;
     goto 170;
```

(* weitere Erhoehung der Diagonalelemente von g *)

```
140:  w[j]:=1;
     sumx:=1;
     k:=j;
     repeat
     sum:=0;
```

```
      ira:=ir-1;
      for i:=k to j do
      begin
      sum:=sum-w[ira]*w[i];
      ira:=ira+1;
      end;
      ir:=ir-k;
      k:=k-1;
      w[k]:=sum/w[ir];
      sumx:=sumx+w[k]*w[k]
      until k < 2;
      diag:=diag+eps100-temp/sumx;
      goto 70;

  (* Abspeicherung der Cholesky-Faktorisierung in den r-Teil von w *)

165:   ir:=iwr;
      for i:=1 to n do
      for j:=1 to i do
      begin
      ir:=ir+1;
      w[ir]:=g[j,i]
      end;

     (* Bestimmung der Inversen des Cholesky-Faktors *)

170:   nm:=n-1;
      for i:=1 to n do
      begin
      iz:=iwz+i;
      if i <> 1 then
      for j:=2 to i do
      begin
      w[iz]:=0;
      iz:=iz+n
      end;
      ir:=iwr+(i+i*i)  div  2;
      w[iz]:=1/w[ir];
      if i <> n then
      begin
      iza:=iz;
      for j:=i to nm do
      begin
      ir:=ir+i;
      sum:=0;
      k:=iza-n;
      repeat
      k:=k+n;
      sum:=sum+w[k]*w[ir];
      ir:=ir+1;
      until  k>iz-n;
      iz:=iz+n;
      w[iz]:=-sum/w[ir]
      end
      end
      end;

          (* Belegung von Anfangswerten *)

      iterc:=1;
      itref:=0;
      jfinc:=-kfinc;

     (* Nullsetzen von x und Bestimmung der zugeordneten *)
     (*               Kuhn-Tucker-Residuen               *)

230:   iflag:=1;
     iws:=iww-n;
      for i:=1 to n do
      begin
      x[i]:=0;
      iw:=iww+i;
      w[iw]:=grad[i];
      if i <= nact then
      begin
      w[i]:=0;
      is:=iws+i;
      k:=iact[i];
      if k > m then
        begin
```

```
          if k <= mn then
            begin
            ki:=k-m;
            w[is]:=xl[ki];
            goto 240
            end;
          ki:=k-mn;
          w[is]:=-xu[ki];
          goto 240
          end;
        w[is]:=b[k];
        end;
240:     end;
        xmag:=0;
        vfact:=1.0;
        if nact <=0 then goto 340 else goto 280;

  (* Berechnung des Kuhn-Tucker-Residuums fuer allgemeines x *)

250:     iflag:=2;
        iws:=iww-n;
        for i:=1 to n do
        begin
        iw:=iww+i;
        w[iw]:=grad[i];
        if lql then for j:=1 to n do w[iw]:=w[iw]+g[i,j]*x[j]
        else begin
        id:=iwd+i;
        w[id]:=0;
        for j:=i to n do w[id]:=w[id]+g[i,j]*x[j];
        for j:=1 to i do begin
          id:=iwd+j;  w[iw]:=w[iw]+g[j,i]*w[id]  end
        end
        end;
        if nact = 0 then goto 340;
        for k:=1 to nact do
        begin
        kk:=iact[k];
        is:=iws+k;
        if kk > m then
        if kk <= mn
           then begin
           ki:=kk-m;
           iw:=iww+ki;
           w[iw]:=w[iw]-w[k];
           w[is]:=xl[ki]-x[ki]
           end
           else begin
           ki:=kk-mn;
           iw:=iww+ki;
           w[iw]:=w[iw]+w[k];
           w[is]:=-xu[ki]+x[ki]
           end
        else begin
        w[is]:=b[kk];
        for i:=1 to n do
        begin
        iw:=iww+i;
        w[iw]:=w[iw]-w[k]*a[kk,i];
        w[is]:=w[is]-x[i]*a[kk,i];
        end
        end;
        if kk <= mn then
        end;
280:     ir:=iwr;
        ip:=iww+1;
        ipp:=iww+n;
        il:=iws+1;
        iu:=iws+nact;
        for i:=il to iu do
        begin
        sum:=0;
        if i <> il then
        begin
        ju:=i-1;
        for j:=il to ju do
        begin
        ir:=ir+1;
        sum:=sum+w[ir]*w[j]
        end
```

```
       end;
       ir:=ir+1;
       w[i]:=(w[i]-sum)/w[ir]
       end;

  (* Verschiebung von x zwecks Erfuellung der aktiven Nebenbedingung *)
  (*       und zugeordnete Aenderung des Gradienten-Residuums      *)

       for i:=1 to n do
       begin
       iz:=iwz+i;
       sum:=0;
       for j:=il to iu do
       begin
       sum:=sum+w[j]*w[iz];
       iz:=iz+n
       end;
       x[i]:=x[i]+sum;
       if lql then
       for j:=1 to n do
       begin
       iw:=iww+j;
       w[iw]:=w[iw]+sum*g[i,j]
       end
       else
       begin
       id:=iwd+i;
       w[id]:=0;
       for j:=1 to n do w[id]:=w[id]+g[i,j]*sum;
       iw:=iww+i;
       for j:=1 to i do
       begin
       id:=iwd+j;
       w[iw]:=w[iw]+g[j,i]*w[id]
       end
       end
       end;

     (* Berechnung des Skalarproduktes des aktuellen *)
     (*         Gradienten-Residuums mit z         *)

340:   qld25;
       if nact <> n then
       begin

     (* Verschiebung von x zwecks Erfuellung der verbliebenen *)
     (*              Kuhn-Tucker-Bedingungen                *)

       il:=iws+nact+1;
       iza:=iwz+nact*n;
       for i:=1 to n do
         begin
         sum:=0;
         iz:=iza+i;
         for j:=il to iww do
           begin
           sum:=sum+w[iz]*w[j];
           iz:=iz+n
           end;
         x[i]:=x[i]-sum
         end;
       info:=iterc;
       if nact = 0 then goto 410
       end;

         (* Aufdatierung der Lagrange-Multiplikatoren *)

       qld21(3);
       for k:=1 to nact do
       begin
       iw:=iww+k;
       w[k]:=w[k]+w[iw]
       end;
410:   qld24;
420: if iflag = itref then goto 250;


  (* Streichen einer Ungleichungs-NB, falls ihr *)
  (*  Lagrange-Multiplikator  negativ  ist     *)
       kdrop:=0;
```

```
      repeat
      kdrop:=kdrop+1;
      if (w[kdrop] < 0) and (iact[kdrop] > meq) then
      begin
      nu:=nact;
      qld22; goto 250
      end
      until kdrop >= nact;

    (* Bestimmung der groessten normalisierten NB-Verletzung *)

450:  cvmax:=0;
      if m > 0 then
      for k:=1 to m do
      begin
      ia:=iwa+k;
      if w[ia] > 0 then
      begin
      sum:=-b[k];
      for i:=1 to n do sum:=sum+x[i]*a[k,i];
      sumx:=-sum*w[ia];
      if k <= meq then sumx:=abs(sumx);
      if sumx > cvmax then
      begin
      temp:=abs(b[k]);
      for i:=1 to n do temp:=temp+abs(x[i]*a[k,i]);
      tempa:=temp+abs(sum);
      if tempa > temp then
      begin
      temp:=temp+1.5*abs(sum);
      if temp > tempa then
      begin
      cvmax:=sumx;
      res:=sum;
      knext:=k
      end
      end
      end
      end
      end;
      for k:=1 to n do
      begin
      lower:=true;
      ia:=iwa+m+k;
      if w[ia] > 0 then
      begin
      sum:=xl[k]-x[k];
      if sum <> 0 then
        begin
        if sum <0 then
          begin
          sum:=x[k]-xu[k];
          lower:=false
          end;
        if sum > cvmax then
          begin
          cvmax:=sum;
          res:=-sum;
          knext:=k+m;
          if not lower then knext:=k+mn
          end
        end
      end
      end;

                (* Konvergenztest *)

      info:=iterc;
      if cvmax <= eps100 then goto 700;

   (* Programmbeendigung, falls sich in der aktuellen Iteration der *)
   (* Wert der Zielfunktion, abgesehen von Rundungsfehlern,         *)
   (*                       nicht aendert                          *)

      jfinc:=jfinc+1;
      if jfinc <> 0 then
      begin
      if jfinc <> ifinc then goto 530;
      fdiff:=0;
      fdiffa:=0;
```

```
      for i:=1 to n do
      begin
      sum:=2*grad[i];
      sumx:=abs(sum);
      if not lql then
      begin
      id:=iwd+i;
      w[id]:=0;
      for j:=1 to n do
      begin
      ix:=iwx+j;
      w[id]:=w[id]+g[i,j]*(w[ix]+x[j])
      end;
      for j:=1 to i do
      begin
      id:=iwd+j;
      temp:=g[j,i]*w[id];
      sum:=sum+temp;
      sumx:=sumx+abs(temp)
      end
      end
      else begin
      for j:=1 to n do
      begin
      ix:=iwx+j;
      temp:=g[i,j]*(w[ix]+x[j]);
      sum:=sum+temp;
      sumx:=sumx+abs(temp)
      end
      end;
      ix:=iwx+i;
      fdiff:=fdiff+sum*(x[i]-w[ix]);
      fdiffa:=fdiffa+sumx*abs(x[i]-w[ix])
      end;
      info:=0;
      sum:=fdiffa+fdiff;
      if sum <= fdiffa then goto 700;
      temp:=fdiffa+1.5*fdiff;
      if temp <= sum then goto 700;
      jfinc:=0
      end;
      for i:=1 to n do
      begin
      ix:=iwx+i;
      w[ix]:=x[i]
      end;

   (* Bildung des Skalarproduktes des Gradientenvektors der NB *)
   (*                 mit jeder Spalte von z                   *)
   (* parnew enthaelt den Lagrange-Multiplikator der neuen NB *)

530:  iterc:=iterc+1;
      iws:=iwr+(nact+nact*nact) div 2;
      if knext > m then
      begin
      for i:=1 to n do
      begin
      iw:=iww+i;
      w[iw]:=0
     end;
      ki:=knext-m;
      if ki > n then
      begin  ki:=knext-mn;
         iw:=iww+ki;
         w[iw]:=-1;
         iz:=iwz+ki;
         for i:=1 to n do
        begin
         is:=iws+i;
         w[is]:=-w[iz];
         iz:=iz+n
       end
    end
      else
    begin  iw:=iww+ki;
         w[iw]:=1;
         iz:=iwz+ki;
         for i:=1 to n do
      begin
         is:=iws+i;
```

```
      w[is]:=w[iz];
      iz:=iz+n
  end
   end
   end
   else
   begin for i:=1 to n do
   begin
   iw:=iww+i;
   w[iw]:=a[knext,i]
   end;
   qld25;
   end;
   parnew:=0;



(* Durchfuehrung geeigneter Rotationen, damit die letzten *)
(*          (n-nact-2) Skalarprodukte 0 werden         * )

   if nact = n then begin qld21(5); goto 580 end;
   nu:=n;
   qld23;

      (* Test, ob eine NB gestrichen werden muss *)

   is:=iws+nact;
   if nact = 0 then goto 640;
   suma:=0;
   sumb:=0;
   sumc:=0;
   iz:=iwz+nact;
   for i:=1 to n do
   begin
   iz:=iz+1;
   iw:=iww+i;
   suma:=suma+w[iw]*w[iz];
   sumb:=sumb+abs(w[iw]*w[iz]);
   sumc:=sumc+w[iz]*w[iz]
   end;
   temp:=sumb+0.10*abs(suma);
   tempa:=sumb+0.20*abs(suma);
   if sumb <= eps100 then begin qld21(5); goto 580 end;
   sumc:=sqrt(sumc);
   ia:=iwa+knext;
   if knext <= m then sumc:=sumc/w[ia];
   temp:=sumc+0.10*abs(suma);
   tempa:=sumc+0.20*abs(suma);
   if not((temp <= sumc) or (tempa <= temp)) then goto 640;

(* Berechnung der Multiplikatoren fuer die Normale der neuen *)
(* Restriktion in Termen der Normalen der aktiven Restriktionen *)

   qld21(4);

  (* Vervollstaendigung des Testes auf linear abhaengige NB *)

   if knext <= m then
   begin
   for i:=1 to n do
   begin
   suma:=a[knext,i];
   sumb:=abs(suma);
   if nact <> 0 then
   begin
   for k:=1 to nact do
   begin
   kk:=iact[k];
   iw:=iww+k;
   temp:=w[iw]*a[kk,i];
   suma:=suma-temp;
   sumb:=sumb+abs(temp)
   end
   end;
   if suma > eps100 then
   begin
   temp:=sumb+0.10*abs(suma);
   tempa:=sumb+0.20*abs(suma);
```

```
      if not((temp <= sumb) or (tempa <= temp)) then goto 630
      end
      end;
      qld21(1);
      goto 580
      end;
      ki:=knext-m;
      if ki > n then ki:=ki-n;
      for i:=1 to n do
      begin
      suma:=0;
      if i = ki then
      begin
      suma:=1;
      if knext > mn then suma:=-1
      end;
      sumb:=abs(suma);
      if nact <> 0 then
      begin
      for k:=1 to nact do
      begin
      kk:=iact[k];
      if kk > m then
      begin
      kk:=kk-m;
      temp:=0;
      if kk=i then temp:=w[iww+kk];
      kk:=kk-n;
      if kk=i then temp:=-w[iww+kk]
      end
      else begin iw:=iww+k; temp:=w[iw]*a[kk,i] end;
      suma:=suma-temp;
      sumb:=sumb+abs(temp);
      end
      end;
      temp:=sumb+0.10*abs(suma);
      tempa:=sumb+0.20*abs(suma);
      if temp <= sumb then goto 578;
      if tempa <= temp then goto 578;
578:  goto 630;
      end;
      qld21(1);

           (* Test auf Inkonsistens der NB *)

580:  info:=-knext;
      if kdrop = 0 then goto 700;
      parinc:=ratio;
      parnew:=parinc;

        (* Aenderung der Lagrange-Multiplikatoren *)
        (*        der aktiven Restriktionen    * )

590: if nact <> 0 then
      for k:=1 to nact do
      begin
      iw:=iww+k;
      w[k]:=w[k]-parinc*w[iw];
      if iact[k] > meq then w[k]:=max(0,w[k]);
      end;
      if kdrop <> 0 then
      begin

         (* Streichung einer Restriktion *)

      nu:=nact+1;
      qld22;
      iws:=iws-nact-1;
      nu:=min0(n,nu);
      for i:=1 to nu do
      begin
      is:=iws+i;
      j:=is+nact;
      w[is]:=w[j+1]
      end;
      qld23;

        (* Berechnung des Schrittes zur Erfuellung von NB *)

630:  is:=iws+nact;
```

```
640:   sumy:=w[is+1];
      step:=-res/sumy;
      parinc:=step/sumy;
      if nact <> 0 then
      begin

  (* Ueberschreibung der Kuhn-Tucker-Multiplikatoren und * )
  (* Verringerung der Schrittweite fuer die neue Richtungssuche, *)
  (*                     falls notwendig                      * )

      qld21(2);
      if kdrop <> 0 then
      begin
      temp:=1-ratio/parinc;
      if temp <= 0 then kdrop:=0;
      if kdrop <> 0 then
      begin
      step:=ratio*sumy;
      parinc:=ratio;
      res:=temp*res
      end
      end
      end;

      (* Ueberschreiben der primalen und dualen Variablen *)

      iwy:=iwz+nact*n;
      for i:=1 to n do
      begin
      iy:=iwy+i;
      x[i]:=x[i]+step*w[iy]
      end;
      parnew:=parnew+parinc;
      if nact >= 1 then goto 590;
      end;

 (* Erweiterung der Menge der aktiven Restriktionen um die neue NB *)

      nact:=nact+1;
      w[nact]:=parnew;
      iact[nact]:=knext;
      ia:=iwa+knext;
      if knext > mn then ia:=ia-n;
      w[ia]:=-w[ia];

        (*        Schaetzung der Groesse von x      * )
        (* anschliessend Beginn einer neuen Iteration *)
        (*  Reinitialisierung, falls x klein ist  *)

      qld24;
      if sum < xmagr*xmag then goto 230;
      if itref > 0 then goto 250 else goto 450;

  (* Anfangsbelegung der noch nicht verwendeten Groessen *)
  (* oder Programmbeendigung nach Rueckspeicherung *)
  (*              der Diagonalelemente von g          * )

700: if iterc <> 0 then
      begin
      itref:=itref+1;
      jfinc:=-1;
      if itref = 1 then goto 250
      end;
      if not lql then goto 999;
      for i:=1 to n do
      begin
      id:=iwd+i;
      g[i,i]:=w[id]
      end;
 999:for i:=1 to mmax do war[i]:=b[i];
     for i:=mmax+1 to lw do war[i]:=w[i-mmax];
  end;  {ql2}

begin  {ql1}
      eps100:=1e-22;
      lql:=false;
      if iwar[1]=1 then lql:=true;
      iout:=0;
      inw1:=1;
      inw2:=inw1+mmax;
```

```
            (* Aufbereitung der Problemdaten *)

      if m>=0 then
        begin   iin:=inwi;
           for j:=1 to m do
             begin
             war[iin]:=-b[j];
             iin:=iin+1
             end
        end;
      lw:=3*nmax*nmax div 2 + 10*nmax + m;
      if ((inw2+lw) > lwar) then
        begin  ifail:=5;
        if iprint > 0 then writeln(out,'***ql : lwar ist zu klein');
        goto 99
        end;
      mn:=m+n;
      ql2(n,m,meq,mmax,mn,mnn,nmax,lql,a,d,c,
          xl,  xu,  x,nact,iwar,info,diag,lw,war,out);
      ifail:=0;

      (* Test hinsichtlich der erfolgten Korrektur der Matrix g *)

      idiag:=trunc(diag);
      if ((iprint > 0) and (idiag > 0)) then
      writeln(out,'***ql: Die Matrix q wurde ',idiag,
      '-mal durch die Einheitsmatrix ersetzt!');
      if info < 0 then
        begin
        ifail:=-info+10;
        if (iprint>0) and (nact>0) then begin writeln(out,
         '***ql : Bedingung ',abs(info),' ist nicht vertraeglich mit');
         for i:=1 to nact do writeln(out,iwar[i]); end;
        goto 99
        end;

            (* Umordnen der Multiplikatoren *)

      for j:=1 to mnn do u[j]:=0;
      iin:=inw2-1;
      if (nact <> 0) then
      begin
         for i:=1 to nact do
         begin
         j:=iwar[i];
         u[j]:=war[iin+i]
         end
      end;
99:  end;  {ql1}


(*
Loesung des quadratischen Optimierungsproblems
           x'*c*x + p'*x = min!
  (mit positiv definiter Diagonalmatrix c)
bei a(j)*x + b(j) >= 0 , j=1,...,m mit dem

        Relaxationsverfahren von Hildreth und d'Esopo.
*)
overlay
procedure rela(m,n:integer; cd:rvdim; p:rvdim; a:rmcondim;
                  b:rvcon; var x:rvdim; var u:umnn; eps:real;
                  maxit:integer; var ifail:integer; prnt:integer;
                  var out:text);
(*
m:             Anzahl der Nebenbedingungen
n:             Dimension des Problems
cd,p,a,b:      beschreiben das Optimierungsproblem;
               cd ist der Vektor der Diagonalelemente von c
x:             enthaelt bei Programmbeendigung die Loesung
u:             enthaelt bei Programmbeendigung die Lagrange-Multipli-
               katoren der Nebenbedingungen
eps:           Abbruchschranke
maxit:         maximale Iterationszahl
ifail=0:       erfolgreiche Programmbeendigung
ifail=1:       maximale Iterationszahl erreicht
prnt=1:        nur Ausgabe der Endresultate
prnt=2:        ausfuehrliche Ausgabe
```

```
out:            File fuer Ergebnisausgabe
*)

var
  xi:rvdim;
  w,h:rvcon;
  g:rmconcon;
  d:rmdd;
  ci:rmdimdim;
  i,j,k,it:integer;
  t,r,s,fu:real;

begin
ifail:=0;  for  i:=1  to  m  do  u[i]:=0;
for  i:=1  to  n  do  for  j:=1  to  n  do
begin
  if  i=j  then  ci[i,j]:=1/cd[i]  else  ci[i,j]:=0;
end;
for  i:=1  to  n  do  for  j:=1  to  m  do
begin
  d[i,j]:=0;  for  k:=1  to  n  do  d[i,j]:=d[i,j]+ci[i,k]*a[j,k];
end;
for  i:=1  to  m  do  for  j:=1  to  m  do
begin
  g[i,j]:=0;  for  k:=1  to  n  do  g[i,j]:=g[i,j]-0.25*a[i,k]*d[k,j];
end;
for  i:=1  to  n  do
begin
  xi[i]:=0;  for  j:=1  to  n  do  xi[i]:=xi[i]+ci[i,j]*p[j];
end;
for  i:=1  to  m  do
begin
  h[i]:=0;  for  j:=1  to  n  do  h[i]:=h[i]-0.5*a[i,j]*xi[j];
  h[i]:=h[i]-b[i];
end;
it:=0;
repeat

                (*** Schritt 1 ***)

  it:=it+1;   t:=0;
  for  i:=1  to  m  do
  begin
    s:=-h[i]/(2*g[i,i]);
    for  j:=1  to  m  do  if  i<>j  then  s:=s-g[i,j]*u[j]/g[i,i];
    if  s<0  then  s:=0;  w[i]:=s;  r:=w[i]-u[i];
    if  t<abs(r)  then  t:=abs(r);  u[i]:=w[i];
  end;
  if  prnt>1  then
    begin
    writeln;  writeln('Iteration  ',it);  write('Duale  Variablen:');
    for  i:=1  to  m  do  write('  ',u[i]);  writeln;

                (*** Schritt 2-3 ***)

    if  t<eps  then  writeln('Abbruchkriterium  erfuellt!');
    if  it>=maxit  then
    begin
      writeln('Maximale  Iterationszahl  erreicht!');  ifail:=1;
    end;
  end;
until  (t<eps)or(it>=maxit);

                (*** Schritt 4 ***)

for  i:=1  to  n  do
begin
  xi[i]:=0;  for  j:=1  to  m  do  xi[i]:=xi[i]+a[j,i]*u[j];
end;
for  i:=1  to  n  do  xi[i]:=p[i]+xi[i];
for  i:=1  to  n  do
begin
  x[i]:=0;  for  j:=1  to  n  do  x[i]:=x[i]-0.5*ci[i,j]*xi[j];
end;
fu:=0;
for  i:=1  to  n  do  fu:=fu+cd[i]*x[i]*x[i]+p[i]*x[i];
if  prnt>0  then
begin
  writeln;  write('Loesungsvariablen:');
  for  i:= 1  to  n  do  write('  ',x[i]);  writeln;
```

```
   write('Duale  Variablen:');
  for i:=1 to m do write(' ',u[i]); writeln;
  writeln('Zielfunktionswert:',fu);
end;
end;  {rela}
```

```
{****************************************************************}
{*** Nutzerunterstuetzung fuer die nichtlineare Optimierung ***}
{****************************************************************}

(*** Ausgabe der Problemdaten zur nichtlinearen Optimierung ***)
(***                  in das File 'name'                     ***)

procedure  nlowf(k,v:byte;  n,m,l,l1:integer;
                 a,b,x0,x1:rvdim;u0,t0:rv  con;
              nbs:cvcon;  eps,h,alpha,beta,gamma,q,rs0,rb0:real;
              p,pfz:integer;  pfe:imsumdim;
              pfc:rvsum;  pfr:str;
              conz:ivcon;  cone:imsvcon;
              conc:rvsvcon;  conr:svcon;
              name:str);
var
  hi:char;
  probfil:text;
  i,j,ji:integer;
begin
assign(probfil,name);  rewrite(probfil);
if k=1 then
  case v of
   1:  writeln(probfil,'/stoS  stochastische  Suche');
   2:  writeln(probfil,'/koS  Koordinatenweise  Suche');
   3:  writeln(probfil,'/eiPoly  einfaches  Polytopverfahren');
   4:  writeln(probfil,'/stAb  Verfahren  des  steilsten  Abstiegs');
   5:  writeln(probfil,
      '/koGra  Verfahren der konjugierten Gradienten');
   6:  writeln(probfil,'/Newt  Newton-Verfahren');
   7:  writeln(probfil,
      '/NewApp Newton-Verfahren m. Approx. d. Hesse-Matrix');
   8:  writeln(probfil,'/qNewt  Quasi-Newton-Verfahren');
  end
else
  case v of
   1:  writeln(probfil,'/aZs  adaptive  Zufallssuche');
   2:  writeln(probfil,'/erPoly  erweitertes  Polytopverfahren');
   3:  writeln(probfil,
      '/sqA  sequentielle  quadratische  Approximation');
   4:  writeln(probfil,'/erNewt  erweitertes  Newton-Verfahren');
   5:  writeln(probfil,'/SB  Straf-  und  Barriereverfahren');
  end;
writeln(probfil,n,'  Dimension  des  Problems');
if k=2 then writeln(probfil,m,'  Anzahl  der  Nebenbedingungen');
if (k=2)and(v<=3) then begin
  for i:=1 to n do
    writeln(probfil,writ(a[i]),
    '  untere  Schranke  der  ',i,'. Komponente');
  for i:=1 to n do
    writeln(probfil,writ(b[i]),
    '  obere  Schranke  der  ',i,'. Komponente');
end;
for i:=1 to n do
  writeln(probfil,writ(x0[i]),'    ',
  i,'. Komponente  der  Startnaeherung  x0');
if (k=1)and(v=7) then
  for i:=1 to n do
    writeln(probfil,writ(x1[i]),'    ',
    i,'. Komponente  der  Startnaeherung  x1');
if v=1 then
  writeln(probfil,l1,
  '  maximale  Zahl  von  Suchpunkten  je  Iteration');
if (k=2)or(v>=4)or(v=2) then
  writeln(probfil,l,'  maximale  Iterationszahl');
if v<>1 then
  writeln(probfil,writ(eps),'  Abbruchschranke');
     if ((k=1)and(v>=1)and(v<=3))or((k=2)and(v=5)) then begin
       write(probfil,writ(h),'  Schrittweite');
     if k=2 then write(probfil,' zur Loesung der Teilprobleme');
       writeln(probfil);  end;
     if(k=2)and((v=3)or(v=4  )) then
  for i:=1 to m do
    writeln(probfil,writ(u0[i]),
    '  Anfangsschaetzung  u0  (Komponenente  ',i,'):');
if (k=2)and(v=4) then
  for i:=1 to m do
    writeln(probfil,writ(t0[i]),
```

```
    ' Anfangsschaetzung t0 (Komponenente ',i,'):');
if ((k=1)and(v=3))or((k=2)and(v=2)) then begin
  writeln(probfil,writ(alpha),' Reflexionskoeffizient');
  writeln(probfil,writ(beta),' Kontraktionskoeffizient');
  writeln(probfil,writ(gamma),' Expansionskoeffizient'); end;
if (k=1)and(v=2) then
  writeln(probfil,writ(q),' Faktor zur Schrittweitenreduzierung');
if(k=1)and((v=4)or(v>=6)) then
  writeln(probfil,writ(q),' Abstiegsfaktor');
if (k=2)and(v=5) then begin
  for i:=1 to m do
    writeln(probfil,nbs[i],
    ' j: NB ',i,' geht im Strafterm ein; n: im Barriereterm');
  writeln(probfil,writ(rs0),' Startwert fuer Strafparameter: ');
  writeln(probfil,writ(rb0),
  ' Startwert fuer Barriereparameter: ');
  write(probfil,p,' Zahl der Teilprobleme mit festen');
  writeln(probfil,' Straf- und Barriereparametern'); end;
writeln(probfil,pfz,
' Anzahl Summanden der Zielfunktion (ohne Rest)');
for i:=1 to pfz do begin
  writeln(probfil,writ(pfc[i]),
  ' Koeffizient des ',i,'. Summanden der Zielfunktion');
  for j:=1 to n do writeln(probfil,pfe[i,j],
  ' Exponent von x',j,' im ',i,'. Summanden der Zielfunktion');
end;
writeln(probfil,pfr,' Rest der Zielfunktion');
if k=2 then begin
  for i:=1 to m do begin
    writeln(probfil,conz[i],
    ' Anzahl Summanden der ',i,'. Nebenbedingung (ohne Rest)');
    for j:=1 to conz[i] do begin
      writeln(probfil,writ(conc[i,j]),' Koeffizient des ',j,
      '. Summanden der ',i,'. Nebenbedingung');
      for j1:=1 to n do
      writeln(probfil,cone[i,j,j1],
      ' Exponent von x',j1,' im ',j,'. Summanden der ',i,'. NB');
    end;
    writeln(probfil,conr[i],' Rest der ',i,'. Nebenbedingung');
  end;
end;
close(probfil);
end; {nlowf}


(*** Eingabe der Problemdaten zur nichtlinearen Optimierung ***)
(***                        im Dialog                       ***)

procedure nlord(k,v:byte; var n,m,l,l1:integer; var a,b,x0,x1:rvdim;
                var u0,t0:rvcon; var nbs:cvcon;
                var eps,h,alpha,beta,gamma,q,rs0,rb0:real;
                var p,pfz:integer; var pfe:imsumdim;
                var pfc:rvsum; var pfr:str;
                var conz:ivcon; var cone:imsvcon;
                var conc:rvsvcon; var conr:svcon;
                var ab:boolean);

(*
ab=true: es erfolgte ein Abbruch der Eingabe durch den Nutzer
*)

var
 i,j,j1:integer;
begin
writeln('Eingabe der Problemdaten (Eingabeabbruch mittels <!>)');
ab:=false;
write('Dimension des Problems: ');
n:=rint(true,true,1,MAXDIM,ab); if ab then exit;
if k=2 then begin
  write('Anzahl der Nebenbedingungen : ');
  if (v=1)or(v=2)or(v=4) then
    write('(ohne untere und obere Schranken) ');
  write(':  ');
  m:=rint(true,true,0,MAXCON,ab); end
else m:=0;
if ab then exit;
if (k=2)and(v<=3) then begin
  for i:=1 to n do begin
    write('untere Schranke fuer Komponente ',i,': ');
    a[i]:=rreal(false,false,0,0,ab); if ab then exit; end;
```

```
  for i:=1 to n do begin
    write('obere Schranke fuer Komponente ',i,': ');
    b[i]:=rreal(true,false,a[i],0,ab);  if ab then exit; end;
end else for i:=1 to n do begin a[i]:=-1e30; b[i]:=1e30;
end;
for i:=1 to n do begin
  write('Startnaeherung x0 (Komponente ',i,'): ');
  x0[i]:=rreal(true,true,a[i],b[i],ab);  if ab then exit;  end;
if (k=1)and(v=7) then
for i:=1 to n do begin
  write('Startnaeherung x1 (x1<>x0) (Komponente ',i,'): ');
  x1[i]:=rreal(true,true,a[i],b[i],ab);  if ab then exit;  end;
if v=1 then begin
  write('maximale Anzahl von Suchpunkten je Iteration: ');
  l1:=rint(true,false,1,0,ab);  end;
if ab then exit;
if (k=2)or(v=2)or(v>=4) then begin
  write('maximale Iterationszahl: ');
  l:print(true,false,1,0,ab);end
     if ab then exit;
if v<>1 then begin
  write('Abbruchschranke: ');
  eps:=rreal(true,false,0,0,ab);  end;
if ab then exit;
if ((k=1)and(v>=1)and(v<=3))or((k=2)and(v=5)) then begin
write('Schrittweite');
if k=2 then write(' zur Loesung der Teilprobleme'); write(':');
h:=rreal(true,false,0,0,ab);  end;
if (k=1)and(v=2) then begin
write('Faktor zur Schrittweitenreduzierung: ');
if (k=2)and((v=3)or(v=4)) then
  for i:=1 to m do begin
    write('Anfangsschaetzung u0 (Komponenente ',i,'): ');
    u0[i]:=rreal(false,false,0,0,ab);  if ab then exit;  end;
if (k=2)and(v=4) then
 for i:=1 to m do begin
    write('Anfangsschaetzung t0 (Komponenente ',i,'): ');
    t0[i]:=rreal(false,false,0,0,ab);  if ab then exit;  end;
if ((k=1)and(v=3))or((k=2)and(v=2)) then begin
  write('Reflexionskoeffizient: ');
  alpha:=rreal(true,false,0,0,ab);  if ab then exit;
  write('Kontraktionskoeffizient: ');
  beta:=rreal(true,true,0,1,ab);  if ab then exit;
  write('Expansionskoeffizient: ');
  gamma:=rreal(true,false,1,0,ab);  end;
if (k=1)and(v=2) then begin
write('Faktor zur Schrittweitenreduzierung: ');
q:=rreal(true,true,0.1,0.95,ab);  if ab then exit; end;
if (k=1)and((v=4)or(v>=6)) then begin
  write('Abstiegsfaktor: ');
  q:=rreal(true,true,0,1,ab);  if ab then exit; end;
if (k=2)and(v=5) then begin
  for i:=1 to m do begin
    write('Soll NB ',i,' im Strafterm ');
    write(' (und nicht im Barriereterm) eingehen? (j;n) ');
    nbs[i]:=antwort; if ab then exit; end;
  write('Startwert fuer Strafparameter: ');
  rs0:=rreal(true,false,1,0,ab);  if ab then exit;
  write('Startwert fuer Barriereparameter: ');
  rb0:=rreal(true,true,0,1,ab);  if ab then exit;
  write('Zahl der Teilprobleme mit festen');
  write(' Straf- und Barriereparametern: ');
  p:=rint(true,false,1,0,ab);  end;
if ab then exit; clrscr;
writeln('E I N G A B E       Z I E L F U N K T I O N':50);
writeln;  eingabef(n,pfz,pfr,pfe,pfc,x0,ab);
if ab then exit;
if k=2 then
  for i:=1 to m do begin
clrscr;  writeln(
'E I N G A B E    L I N K E    S E I T E     D E R':50);
writeln;
writeln('N E B E N B E D I N G U N G ':40,i); writeln;
eingabef(n,conz[i],conr[i],cone[i],conc[i],x0,ab);
if ab then exit; end;
end; {nlord}
```

```
(*** Rahmenprogramm zur Nutzerunterstuetzung fuer die ***)
(***             nichtlineare Optimierung           ***)
procedure nuopnl;
var
  k,v:  byte;
  n,m,l,l1,hi,i,p,pfz:   integer;
  st,npro:  char;
  pfr,name:  str;
  conr:  svcon;
  pfe:  imsumdim;
  pfc:  rvsum;
  conz:  ivcon;
  cone:  imsvcon;
  conc:  rvsvcon;
  nbs:cvcon;
  help:helpstv;
  eps,h,alpha,beta,gamma,q,rs0,rb0:   real;
  x0,x1,a,b:  rvdim;
  u0,t0,v0:  rvcon;
  ab:  boolean;
begin
ab:=false;
help[1,1]:='Stochastische  Suche';
help[1,2]:='Koordinatenweise  Suche';
help[1,3]:='Einfaches  Polytopverfahren';
help[1,4]:='Verfahren  des  steilsten  Abstiegs';
help[1,5]:='Verfahren  der  konjugierten  Gradienten';
help[1,6]:='Newton-Verfahren';
help[1,7]:='Newton-Verfahren  mit  Approximation  der  Hesse-Matrix';
help[1,8]:='Quasi-Newton-Verfahren';
help[2,1]:='Adaptive  Zufallssuche';
help[2,2]:='Erweitertes  Polytopverfahren';
help[2,3]:='Sequentielle  quadratische  Approximation';
help[2,4]:='Erweitertes  NEWTON-Verfahren';
help[2,5]:='Straf-  und  Barriereverfahren';
clrscr;
write('A L L G E M E I N E     N I C H T L I N E A R E ':34);
writeln('O P T I M I E R U N G');
writeln;
writeln('1  Ohne  Nebenbedingungen');
writeln('2  Mit  Nebenbedingungen');
repeat
  k:=byte(rint(true,true,1,2,ab));
until  ab=false;
writeln;
write('Auswahl  des  Loesungsverfahrens:  ');
writeln;  if  k=1  then  hi:=8  else  hi:=5;
for  i:=1  to  hi  do  writeln(i,'  ',help[k][i]);
repeat
  v:=byte(rint(true,true,1,hi,ab));
until  ab=false;
clrscr;  write('Nichtlineare  ');  if  k=1  then  write('un');
write('beschraenkte  Optimierung');
if  k=2  then  write('  (g<=0)');  writeln;
writeln(help[k][v]);  writeln;
nlord(k,v,n,m,l,l1,a,b,x0,x1,u0,t0,nbs,eps,h,alpha,beta,gamma,q,
      rs0,rb0,p,pfz,pfe,pfc,pfr,conz,cone,conc,conr,ab);
if  ab=true  then  exit;  clrscr;
writeln('Die  Problemdaten  werden  nun  in  ein  File  geschrieben!');
write('Name  des  Files:  ');  readln(name);
nlowf(k,v,n,m,l,l1,a,b,x0,x1,u0,t0,nbs,eps,h,alpha,beta,gamma,q,
      rs0,rb0,p,pfz,pfe,pfc,pfr,conz,cone,conc,conr,name);
writeln('Die  Durchfuehrung  der  Rechnung  ist  von  der');
writeln('Betriebssystemkommandoebene  aus  mittels');
writeln('nlo');
writeln('moeglich,  wobei  nach  Anfrage  das  soeben  erzeugte');
writeln('Datenfile  ',name,'  angegeben  werden  muss!');
gotoxy(1,25);  write('Bitte  <Enter>  druecken!');  readln;
end;  {nuopnl}
```

```
(*****************************************************)
(*** Durchfuehrung der nichtlinearen Optimierung ***)
(*****************************************************)

program nlo;
{$I nuopba.pas}
{$I optlibq.pas}
{$I optlibnl.pas}
var
  name:str;
  outf:text;

  (*** Dialogeingabe der 1. und evtl. 2. partiellen Ableitungen ***)
  (***          von Zielfunktion und Nebenbedingungen          ***)

procedure rdabl(k,v:byte; n,m:integer;
pfr:str; conr:svcon; var pfabr:apstr; var conabr:apvcon;
x0:rvdim; ab:boolean);

(*
Die Funktionsgleichungen werden durch Zeichenketten in PASCAL-aehnlicher
Notation beschrieben.
ab: Abbruch der Eingabe durch den Nutzer
*)

var i,j,j1,i1: integer; h:str;
begin
if pfr<>'' then begin
  for i:=1 to n do begin
    write('1. Ableitung von ',pfr,' nach x',i,': ');
    rform(n,h,x0,ab); pfabr[i]:=h; if ab then exit;
  end; i:=n+1;
  if ((k=1)and(v=6))or((k=2)and((v=3)or(v=4))) then begin
    for j:=1 to n do for j1:=1 to n do begin
      write('2. Ableitung von ',pfr,
      ' (nach x',j,' und dann nach x',j1,'): ');
      rform(n,h,x0,ab); pfabr[i]:=h; if ab then exit;
      i:=i+1; end;
  end
end else for i:=1 to n+n*n do pfabr[i]:='';
for i1:=1 to m do begin
  if conr[i1]<>'' then begin
    for i:=1 to n do begin
      write('1. Ableitung von ',conr[i1],' nach x',i,': ');
      rform(n,h,x0,ab); conabr[i1,i]:=h; if ab then exit;
    end; i:=n+1;
    if ((k=1)and(v=6))or((k=2)and((v=3)or(v=4))) then begin
      for j:=1 to n do for j1:=1 to n do begin
        write('2. Ableitung von ',conr[i1],
        ' (nach x',j,' und dann nach x',j1,'): ');
        rform(n,h,x0,ab); conabr[i1,i]:=h; if ab then exit;
        i:=i+1; end;
    end
  end else for i:=1 to n+n*n do conabr[i1,i]:='';
end;
end; {rdabl}


(*** Ausgabe der 1. und evtl. 2. partiellen Ableitungen von ***)
(*** Zielfunktion und Nebenbedingungen in das File nuop.tmp ***)

procedure wfabl(k,v:byte; n,m:integer; pfr:str; conr:svcon;
                pfabr:apstr; conabr:apvcon);
var i,j,j1,i1:integer;
  abfil:text;
  abfw:boolean;
begin
abfw:=false; if open(abfil,'nuop.tmp',2)<>0 then exit;
if pfr<>'' then begin
  abfw:=true;
  for i:=1 to n do begin
    writeln(abfil,pfabr[i],
    ' 1. Ableitung des Restes der ZF nach x',i);
  end; i:=n+1;
  if ((k=1)and(v=6))or((k=2)and((v=3)or(v=4))) then begin
    for j:=1 to n do for j1:=1 to n do begin
       writeln(abfil,pfabr[i],
       ' 2. Ableitung des Restes der ZF (nach x',j,
```

```
      ' und dann nach x',j1,'): ');
      i:=i+1; end;
  end;
end;
for i1:=1 to m do begin
  if conr[i1]<>'' then begin abfw:=true;
    for i:=1 to n do begin
      writeln(abfil,conabr[i1,i],
      ' 1. Ableitung des Restes der NB ',i1,' nach x',i);
      end; i:=n+1;
      if ((k=1)and(v=6))or((k=2)and((v=3)or(v=4))) then begin
      for j:=1 to n do for j1:=1 to n do begin
        writeln(abfil,conabr[i1,i],
        ' 2. Ableitung des Restes der NB ',i1,
        ' (nach x',j,' und dann nach x',j1,'): ');
        i:=i+1; end;
    end;
  end;
end;
close(abfil);
if abfw then begin
  writeln(
  'Die soeben eingegebenen Ableitungen wurden in das File nuop.tmp');
  writeln(
  'geschrieben. Wenn das Problemfile ',name,' mit nuop.tmp verkettet');
  writeln(
  'wird, kann beim naechsten Aufruf von nlo auf die Eingabe der');
  writeln('Ableitungen am Bildschirm verzichtet werden.');
  writeln; writeln('Bitte <Enter> druecken!'); readln;
end;
end; {wfabl}


  (*** Einlesen der 1. und evtl. 2. partiellen Ableitungen von ***)
  (*** Zielfunktion und Nebenbedingungen von einem File ***)

procedure rfabl(k,v:byte; n,m:integer; pfr:str; conr:svcon;
                var pfabr:apstr; var conabr:apvcon; var probfil:text);
var i,j,j1,i1: integer;
begin
if pfr<>'' then begin
  for i:=1 to n do
     pfabr[i]:=rline(probfil); i:=n+1;
  if ((k=1)and(v=6))or((k=2)and((v=3)or(v=4))) then begin
    for j:=1 to n do for j1:=1 to n do begin
      pfabr[i]:=rline(probfil);
      i:=i+1; end;
  end;
end else for i:=1 to n+n*n do pfabr[i]:='';
for i1:=1 to m do begin
  if conr[i1]<>'' then begin
    for i:=1 to n do
      conabr[i1,i]:=rline(probfil); i:=n+1;
    if ((k=1)and(v=6))or((k=2)and((v=3)or(v=4))) then begin
      for j:=1 to n do for j1:=1 to n do begin
        conabr[i1,i]:=rline(probfil);
        i:=i+1; end;
    end;
  end else for i:=1 to n+n*n do conabr[i1,i]:='';
end;
end; {rfabl}


  (*** Einlesen der Problemdaten zur nichtlinearen Optimierung ***)
  (***                  vom File 'name'                        ***)

procedure nlorf(var k,v:byte; var n,m,l,l1:integer;
                var a,b,x0,x1:rvdim; var u0,t0:rvcon;
                var nbs:cvcon;
                var eps,h,alpha,beta,gamma,q,rs0,rb0:real;
                var p,pfz:integer; var pfe:imsumdim;
                var pfc:rvsum; var pfr:str;
                var conz:ivcon; var cone:imsvcon;
                var conc:rvsvcon; var conr:svcon;
                var pfabr:apstr; var conabr:apvcon;
                name:str; var error:boolean);

(*
Falls das File 'name' noch keine partiellen Ableitungen der Problemfunktionen
enthaelt, werden diese im Dialog eingelesen und anschliessend in das File
```

```
nuop.tmp geschrieben.
*)

var
  s1,s2:str;
  probfil:text;
  i,j,j1:integer;

procedure vcode(var k,v:byte; s:str);
begin
k:=0;
if s='/stoS' then begin k:=1; v:=1; end;
if s='/koS' then begin k:=1; v:=2; end;
if s='/eiPoly' then begin k:=1; v:=3; end;
if s='/stAb' then begin k:=1; v:=4; end;
if s='/koGra' then begin k:=1; v:=5; end;
if s='/Newt' then begin k:=1; v:=6; end;
if s='/NewApp' then begin k:=1; v:=7; end;
if s='/qNewt' then begin k:=1; v:=8; end;
if s='/aZs' then begin k:=2; v:=1; end;
if s='/erPoly' then begin k:=2; v:=2; end;
if s='/sqA' then begin k:=2; v:=3; end;
if s='/erNewt' then begin k:=2; v:=4; end;
if s='/SB' then begin k:=2; v:=5; end;
end; {vcode}

begin {nlorf}
error:=false;
if open(probfil,name,1)<>0 then begin
  error:=true; exit; end;
s1:=rline(probfil);   vcode(k,v,s1);
if k=0 then begin error:=true; exit; end;
readln(probfil,n); if (k=2) then readln(probfil,m) else m:=0;
if (k=2)and(v<=3) then begin
  for i:=1 to n do readln(probfil,a[i]);
  for i:=1 to n do readln(probfil,b[i]); end;
for i:=1 to n do readln(probfil,x0[i]);
if (k=1)and(v=7) then
for i:=1 to n do readln(probfil,x1[i]);
if v=1 then readln(probfil,l1);
if (k=2)or(v=2)or(v>=4) then readln(probfil,l);
if v<>1 then readln(probfil,eps);
if ((k=1)and(v>=1)and(v<=3))or((k=2)and(v=5)) then readln(probfil,h);
if (k=2)and((v=3)or(v=4)) then
  for i:=1 to m do readln(probfil,u0[i]);
if (k=2)and(v=4) then
  for i:=1 to m do readln(probfil,t0[i]);
if ((k=1)and(v=3))or((k=2)and(v=2)) then begin
 readln(probfil,alpha); readln(probfil,beta);
 readln(probfil,gamma); end;
if (k=1)and((v=4)or(v>=6)) then readln(probfil,q);
if (k=2)and(v=5) then begin
  for i:=1 to m do readln(probfil,nbs[i]); readln(probfil,rs0);
  readln(probfil,rb0);readln(probfil,p;end
  for i:=1 to m do readln(probfil,v0[i]); readln(probfil,p); end;
for i:=1 to MAXSUM do begin
  pfc[i]:=0; for j:=1 to n do pfe[i,j]:=0; end;
readln(probfil,pfz);
for i:=1 to pfz do begin
  readln(probfil,pfc[i]);
  for j:=1 to n do readln(probfil,pfe[i,j]); end;
pfr:=rline(probfil);
if k=2 then begin
  for i:=1 to m do begin
    readln(probfil,conz[i]);
    for j:=1 to conz[i] do begin
      readln(probfil,conc[i,j]);
      for j1:=1 to n do readln(probfil,cone[i,j,j1]); end;
    conr[i]:=rline(probfil);
  end;
end;
if ((k=1)and(v>3)or(k=2)and(v>2)and(v<5)) then begin
  if eof(probfil) then begin
    rdabl(k,v,n,m,pfr,conr,pfabr,conabr,x0,error);
    if error=true then exit;
    wfabl(k,v,n,m,pfr,conr,pfabr,conabr); end
  else rfabl(k,v,n,m,pfr,conr,pfabr,conabr,probfil); end;
close(probfil); end; {nlorf}
```

```
(*** Einlesen der Problemdaten zur nichtlinearen Optimierung ***)
(*** von einem File und Aufruf des gewuenschten Verfahrens ***)

procedure nloi(var out:text);
(*
out: File fuer die Ergebnisausgabe
*)

label m1;
var k,v:byte;
 n,m,l,l1,p,pfz,i1,i,j,j1:integer;
 a,b,x0,x1:rvdim;
 u0,t0,v0:rvcon;
 eps,h,alpha,beta,gamma,q,rs0,rb0,y:real;
 pfe:imsumdim;
 pfc:rvsum;
 nbs:cvcon;
 pfr,name:str;
 pfabr:apstr;
 conz:ivcon;
 cone:imsvcon;
 conc:rvsvcon;
 conr:svcon;
 conabr:apvcon;
 error:boolean;
 prnt:byte;

begin {nloi}
clrscr;
writeln('Name des Files mit den Problemdaten: '); readln(name);
nlorf(k,v,n,m,l,l1,a,b,x0,x1,t0,u0,v0,nbs,eps,h,alpha,beta,gamma,
      q,rs0,rb0,p,pfz,pfe,pfc,pfr,conz,cone,conc,conr,pfabr,
      conabr,name,error);
if error=true then begin
  writeln(
  'Abbruch oder Fehler beim Lesen des Problemdatenfiles ',name);
  goto m1; end;
clrscr;
writeln('2: Ausfuehrliche Ausgabe');
writeln('1: Nur Ausgabe der Endresultate');
repeat
    prnt:=byte(rint(true,true,1,2,error));
  until error=false;
clrscr;
writeln('D U R C H F U E H R U N G   D E R   R E C H N U N G');
if (k=1) then
  case v of
   1: writeln(out,'S T O C H A S T I S C H E   S U C H E');
   2: writeln(out,'K O O R D I N A T E N W E I S E   S U C H E');
   3:  writeln(out,
      'E I N F A C H E S   P O L Y T O P V E R F A H R E N');
   4: writeln(out,'V E R F A H R E N   D E S   S T E I L S T E N',
      'A B S T I E G S');
   5: writeln(out,'V E R F A H R E N   D E R ',
      'K O N J U G I E R T E N   G R A D I E N T E N');
   6: writeln(out,'N E W T O N - V E R F A H R E N');
   7: begin writeln(out,'N E W T O N - V E R F A H R E N');
      writeln(out,'M I T   A P P R O X I M A T I O N',
       ' D E R   2. A B L E I T U N G E N'); end;
   8: writeln(out,'Q U A S I - N E W T O N - V E R F A H R E N');
  end
else
  case v of
   1: writeln(out,'A D A P T I V E   Z U F A L L S S U C H E');
   2:  writeln(out,
      'E R W E I T E R T E S   P-O L Y T O P V E R F A H R E N');
   3: begin writeln(out,
      'S E Q U E N T I E L L E   Q U A D R A T I S C H E');
      writeln(out,'A P P R O X I M A T I O N':25); end;
   4:  writeln(out,
      'E R W E I T E R T E S   N E W T O N - V E R F A H R E N');
   5:  writeln(out,
      'S T R A F - B A R R I E R E - V E R F A H R E N');
  end;
writeln(out); writeln('Bitte <Enter> druecken!'); readln;
if (k=1) then
  case v of
   1:   stoS(n,l1,x0,H,pfz,pfe,pfc,pfr,prnt,out);
   2:   koS(n,l,pfz,x0,h,q,eps,pfc,pfe,pfr,prnt,out);
```

```
   3:   ePoly(n,m,x0,y,v0,nbs,rs0,rb0,alpha,beta,gamma,h,eps);
   4:   stAb(n,l,x0,eps,q,pfz,pfe,pfc,pfr,pfabr,prnt,out);
   5:   konGra(n,l,x0,eps,pfz,pfe,pfc,pfr,pfabr,prnt,out);
   6:   Newton(n,l,x0,eps,q,pfz,pfe,pfc,pfr,pfabr,prnt,out);
   7:   NewAppHe(n,l,x0,x1,eps,q,pfz,pfe,pfc,pfr,pfabr,prnt,out);
   8:   qNewt(n,l,x0,eps,q,pfz,pfe,pfc,pfr,pfabr,prnt,out);
  end
else
  case v of
   1:   aZs(n,m,l,l1,x0,a,b,pfz,pfe,pfc,pfr,conz,cone,conc,conr,
          prnt,out);
   2:   erpoly(n,m,l,x0,a,b,alpha,beta,gamma,eps,pfz,pfe,pfc,pfr,
             conz,cone,conc,conr,prnt,out);
   3:   sqA(n,m,l,x0,u0,a,b,eps,pfz,pfe,pfc,pfr,pfabr,conz,cone,
          conc,conr,conabr,prnt,out);
   4:   erNewt(n,m,l,x0,u0,t0,eps,pfz,pfe,pfc,pfr,pfabr,conz,cone,
             conc,conr,conabr,prnt,out);
     5:   sb(n,m,l,x0,nbs,h,eps,rs0,rb0,p,pfz,pfe,pfc,pfr,conz,cone,
  conc,conr,prnt,out  );
  end;
writeln; writeln('E N D E       D E R      R E C H N U N G');
m1:end;  {nlo1}

begin  {nlo}
repeat
  clrscr;
  writeln(
  'Name des Files fuer Resultate (oder <Enter> fuer BS-Ausgabe): ');
  readln(name);
  if name='' then nlo1(output) else
  begin
    assign(outf,name);  rewrite(outf);  nlo1(outf);  close(outf);  end;
  writeln('Soll noch eine Rechnung durchgefuehrt werden? j/n ');
until  antwort='n';
clrscr;
end.  {nlo}
```

(**** Verfahren zur nichtlinearen Optimierung ****)

```
(*
Bedeutung der in mehreren Programmen auftretenden formalen Parameter:

n:        Problemdimension
m:        Anzahl der Nebenbedingungen
l:        maximale Iterationszahl
eps:      Abbruchschranke
x:        enthaelt bei Programmaufruf Startwert und bei Programmbeendigung
          berechnete Loesung
pfz:      Zahl der Summanden c*x1^p1*...*xn^pn in der Funktionsgleichung
          der Zielfunktion
pfe:      enthaelt die Exponenten p1,...,pn der einzelnen Summanden der ZF
pfc:      enthaelt die Koeffizienten c der einzelnen Summanden der ZF
pfr:      Rest der Funktionsgleichung der ZF
pfabr: enthaelt 1. (und evtl. 2.) partielle Ableitungen des Restes der ZF
conz,cone,conc,conr,conabr: beschreiben die Nebenbedingungen analog zu
                            pfz,pfe,pfc,pfr,pfabr
a:        enthaelt untere Schranken der Variablen
b:        enthaelt obere Schranken der Variablen
prnt=0: keine Ausgabe
prnt=1: nur Ausgabe der Endresultate
prnt=2: ausfuehrliche Ausgabe
out:      File fuer die Ergebnisausgabe
*)
```

(* unbeschraenkte stochastische Suche *)

```
overlay
procedure  stoS(n,l:integer;  var  x:rvdim;  h:real;  pfz:integer;
               pfe:imsumdim;  pfc:rvsum;  pfr:str;  prnt:byte;
               var  out:text);
(*
h: Schrittweite
*)

  var
    xa:rvdim;
    fa,fn:real;
    i,k,it:integer;
    ende:boolean;
  begin
  randomize;  fa:=zf(pfz,n,pfc,x,pfe,pfr);  xa:=x;  it:=0;  ende:=false;
  if prnt>1 then begin
  writeln(out,it,'.  Iteration');
  for  i:=1  to  n  do  writeln(out,'x',i,':  ',writ(xa[i]));
  writeln(out,'Funktionswert:  ',writ(fa));  end;
  repeat
    k:=0;
    repeat

                (* Schritt 1 *)

      for  i:=1  to  n  do  x[i]:=xa[i]+2*random-1;

                (* Schritt 2 *)

      fn:=zf(pfz,n,pfc,x,pfe,pfr);    k:=k+1;
    until   (fn<fa)or(k>l);

                (* Schritt 3 *)

    if  (k>l)  then  ende:=true
    else  begin
    xa:=x;   fa:=fn;   it:=it+1;
    if  prnt>1  then  begin
      writeln(out,it,'.  Iteration');
      for  i:=1  to  n  do  writeln(out,'x',i,':  ',writ(xa[i]));
      writeln(out,'Funktionswert:  ',writ(fa));  end;
    end;
  until  ende=true;
  if  prnt=0  then  exit;
  writeln(out,'Berechnete  Loesung:');
  for  i:=1  to  n  do  begin
```

```
    write(out,writ(xa[i]),'  '); if (i mod 5=0) then writeln(out); end;
  writeln(out); writeln(out,'Optimaler Zielfunktionswert: ',writ(fa));
  end; {stos}
```

(* Koordinatenweise Suche *)

```
overlay

procedure  koS(n,l,pfz:integer; var x:rvdim; h,q,eps:real; pfc:rvsum;
               pfe:imsumdim; pfr:str; prnt:byte; var out:text);
(*
h: Anfangschrittweite
q: Faktor zur Schrittweitenreduzierung
*)

var  xs:rvdim;
     f,fa,fb:real;
     fe,i:integer;

begin
for i:=1 to n do xs[i]:=x[i]; fe:=0; f:=zf(pfz,n,pfc,x,pfe,pfr);
fb:=f;  fa:=f;
if prnt>0 then clrscr;
if prnt>1 then begin
  writeln(out,'Startpunkt');
  for i:=1 to n do write(out,'x',i,':  ',writ(x[i]),'  '); writeln(out);
  writeln(out); writeln(out,'Wert der Zielfunktion : ',writ(f)); end;
repeat
  for i:=1 to n do begin

                    (* Schritt 1 *)

    xs[i]:=xs[i]+h;   f:=zf(pfz,n,pfc,xs,pfe,pfr);

                    (* Schritt 2 *)

    if f>=fa then begin
      xs[i]:=xs[i]-2*h;  f:=zf(pfz,n,pfc,xs,pfe,pfr);  end;

                    (* Schritt 3 *)

    if f>=fa then xs[i]:=xs[i]+h else fa:=f;
  end;
  f:=fa;
  if prnt>1 then begin
  writeln(out); writeln(out,'Suchphase:  ',writ(f)); writeln(out);
  for i:=1 to n do writeln(out,'x':15,i,'  ',writ(xs[i])); end;

                    (* Schritt 4 *)

  if f=fb then begin
    h:=q*h;
    if prnt>1 then begin
      writeln(out); writeln(out,'Reduzierung der Schrittweite');
      writeln(out); end;
  end

                    (* Schritt 5 *)
                    (* Vorstoßphase *)

  else begin
    for i:=1 to n do x[i]:=x[i]+2*(xs[i]-x[i]);
    f:=zf(pfz,n,pfc,x,pfe,pfr);
    if prnt>1 then begin
      writeln(out); writeln(out,'Vorstossphase:  ',writ(f)); writeln(out);
      for i:=1 to n do writeln(out,'x':15,i,'  ',writ(x[i])); end;
    if f<fa then begin for i:=1 to n do xs[i]:=x[i]; fa:=f; end
    else begin for i:=1 to n do x[i]:=xs[i]; f:=fa; end;
    fb:=fa; end;
  fe:=fe+1;
until  (h<eps)or(fe>=l);
if prnt>0 then begin
  writeln(out); writeln(out);
  if h<eps then writeln(out,'Abbruchkriterium erfuellt!');
  if fe>=l then writeln(out,'Maximale Iterationszahl erreicht!');
  writeln(out); for i:=1 to n do writeln(out,'x',i,'  ',writ(x[i]));
  writeln(out); writeln(out);
  writeln(out,'Iterationen:  ',fe);writeln(out);
```

```
  writeln(out,'Funktionswert:  ',writ(fb));  end;
end;  {kos}
```

(* einfaches Polytopverfahren *)

```
overlay
procedure  ePoly(n,m:integer;  var  x:rvdim;  var  y:real;  v:rvcon;
                 nbs:cvcon;  rs,rb,al,be,ga,k,eps:real;  pfz:integer;
                 pfe:imsumdim;  pfc:rvsum;  pfr:str;  fis2:integer;
                 conz:ivcon;  cone:imsvcon;  conc:rvsvcon;  conr:svcon;
                 prnt:byte;  var  out:text);
(*
al,be,ga:        Koeffizienten fuer Reflexion, Expansion und Kontraktion
k:               Schrittweite
fis2:            2, falls qNewt durch SB aufgerufen wurde, so dass statt
                 der ZF eine Straf-Barriere-Funktion berechnet werden muss;
                 sonst 1
v:               bei Berechnung der Straf-Barriere-Funktion benutzte Stoerung
nbs,rs,rb:       entsprechen den gleichnamigen Parametern von SB
*)

label m1;
type rvdim1 = array[1..MDPLUS1] of real;
     rvd1d = array[1..MDPLUS1,1..MAXDIM] of real;
var   g,i,j,h,l,nfe  :  integer;
      s : rvd1d;
      xe,xh,xl,xg,x0,xr,xc  :  rvdim;
      z : rvdim1;
      fh,fl,fg,f,f0,fr,fe,fc,s1,s2,sig   :   real;
      zk  : boolean;

   (*** Berechnung des Wertes einer Straf-Barriere-Funktion ***)

function  sbf(n,m:integer;  x:rvdim;  nbs:cvcon;
                 rs,rb:real;   v:rvcon):real;
(*
sbf wird fuer Straf-Barriere-Verfahren (Prozedur SB) benoetigt
*)

var
  sb:real;
  j:integer;
  g:rvcon;
begin
sb:=zf(pfz,n,pfc,x,pfe,pfr);
for  j:=1  to  m  do  g[j]:=zf(conz[j],n,conc[j],x,cone[j],conr[j]);
for  j:=1 to m do begin
  if   (nbs[j]='j')and(g[j]+v[j]>0)   then   sb:=sb+rs*(g[j]+v[j]);
  if  (nbs[j]='n')  then  begin

  (* Dem Barriereterm wird bei Verlassen des zulaessigen Bereichs *)
  (*           ein moeglichst grosser Wert zugewiesen           *)

    if  g[j]+v[j]=0  then  begin  sbf:=1e30;  exit;  end;
    if  g[j]+v[j]>=0  then  begin
      sb:=sb+rb/(g[j]+v[j])+1e20*(g[j]+v[j]);   end;
    if   g[j]+v[j]<=0   then   sb:=sb-rb/(g[j]+v[j]);
  end;
end;
sbf:=sb;
end;  {sbf}

begin
  for  i:=1  to  n  do  s[1,i]  :=  x[i];
  g:=0;   h:=0;   l:=0;   nfe:=1;

   (* Erster Polytop wird um den Startwert aufgebaut *)

  for i := 2 to n+1 do for j := 1 to n do
  if  j  =  i-1  then  s[i,j]  :=  s[1,j]+k  else  s[i,j]  :=  s[1,j];
  for i := 1 to n+1 do begin
    for  j  :=  1  to  n  do  x[j]  :=  s[i,j];
    if   fis2=1   then   f:=zf(pfz,n,pfc,x,pfe,pfr);
    if   fis2=2   then   f:=sbf(n,m,x,nbs,rs,rb,v);
    z[i] := f
  end;
  repeat
```

```
zk := true;

 (* Ermittlung der Punkte mit dem groessten u. kleinsten *)
 (*          Zielfunktionswert (Schritt 1)              *)

fh := -1e+30;fl := 1e+30;
for i := 1 to n+1 do
if z[i]>fh then begin
  fh := z[i];
  h := i
end;
if z[i]< fl then begin
  fl := z[i];
  l := i
end;

        (* Zweitgroesster Wert wird ermittelt *)

fg := -1e+30;
for i := 1 to n+1 do if i <> h then
if z[i]>fg then begin
  fg := z[i];
  g := i
end;

                (* Schritt 2 *)

for j := 1 to n do begin
  x0[j] := 0.0;
  for i := 1 to n+1 do if i <> h then
  x0[j] := x0[j]+s[i,j];
  x0[j] := x0[j]/n;
  xh[j] := s[h,j];
  xg[j] := s[g,j];
  xl[j] := s[l,j];
end;
for j := 1 to n do x[j] := x0[j];
if fis2=1 then f:=zf(pfz,n,pfc,x,pfe,pfr);
if fis2=2 then f:=sbf(n,m,x,nbs,rs,rb,v);
f0 := f;

          (* Reflexion (Schritt 3) *)

for j := 1 to n do begin
  xr[j] := x0[j]+al*(x0[j]-xh[j]);
  x[j] := xr[j]
end;
if fis2=1 then f:=zf(pfz,n,pfc,x,pfe,pfr);
if fis2=2 then f:=sbf(n,m,x,nbs,rs,rb,v);
fr := f;

          (* Expansion (Schritt 6) *)

if fr<fl then begin
  for j := 1 to n do begin
    xe[j] := ga*xr[j]+(1-ga)*x0[j];
    x[j] := xe[j]
  end;
if fis2=1 then f:=zf(pfz,n,pfc,x,pfe,pfr);
if fis2=2 then f:=sbf(n,m,x,nbs,rs,rb,v);
  fe := f;
  if fe<fl then begin
    for j := 1 to n do s[h,j] := xe[j];
    z[h] := fe;
  end else begin
    for j := 1 to n do s[h,j] := xr[j];
    z[h] := fr;
  end;
end { fr<fl } else begin { fr>=fl }
  if fr>fg then begin
    if fr <= fh then begin
      for j := 1 to n do xh[j] := xr[j];
      z[h] := fr
    end;
    for j := 1 to n do begin
      xc[j] := be*xh[j]+(1-be)*x0[j];
      x[j] := xc[j]
    end;
    if fis2=1 then f:=zf(pfz,n,pfc,x,pfe,pfr);
    if fis2=2 then f:=sbf(n,m,x,nbs,rs,rb,v);
```

```
        fc := f;

                    (* Schritt 4 *)

        if fc>fh then begin

           (* Polytop-Reduktion (Schritt 5) *)

          for i := 1 to n+1 do begin
            for j := 1 to n do begin
              s[i,j]  :=  (s[i,j]  +xl[j])/2;
              x[j]  :=  s[i,j]
            end;
            if  fis2=1  then  f:=zf(pfz,n,pfc,x,pfe,pfr);
            if  fis2=2  then  f:=sbf(n,m,x,nbs,rs,rb,v);
            z[i]  :=  f;
          end;
        end  else  begin
          for  j  :=  1  to  n  do  s[h,j]  :=  xc[j];
          z[h]  :=  fc;
        end
      end  {  fr>fg  }  else  begin  {  fr<=fg  }
        for  j  :=  1  to  n  do  s[h,j]  :=  xr[j];
        z[h]  :=  fr;
      end;
    end;

              (* Abbruchtest (Schritt 7) *)

    if prnt>1 then begin
      writeln(out,'Iteration  ',nfe,':  Funktionswert  =  ',writ(z[l]));
      for  i:=1  to  n  do  write(out,'x',i,'=',writ(x[i]),'  ');
      writeln(out);  writeln(out);
    end;
    for  i:=1  to  n+1  do  if  z[i]>=1e18  then  begin
      sig:=eps+1;  goto  m1;  end;
    s1 := 0;
    s2 := 0;
    for  i  :=  1  to  n+1  do  begin
      s1  :=  s1+z[i];
      s2  :=  s2+z[i]*z[i]
    end;
    sig  :=  s2-s1*s1/(n+1);
    sig  :=  sig/(n+1);
    m1:if  sig<eps  then  begin
      y:=z[l];
      if  prnt>0  then  begin
        writeln(out,'********  Minimierung  beendet  **********');
        for  i:=1  to  n  do  writeln(out,'x',i,'  ',writ(x[i]));
        writeln(out);  writeln(out,'Iterationen:  ',nfe);
        writeln(out,'Funktionswert  ',writ(y));  end;
      zk  :=  false;
    end;
  nfe:=nfe+1;
  until  zk  =  false;
end;  {epoly}
```

(* Verfahren des steilsten Abstiegs *)

```
overlay
procedure  stAb(n,l:integer;  var  x:rvdim;  eps,q:real;  pfz:integer;
                pfe:imsumdim;  pfc:rvsum;  pfr:str;  pfabr:apstr;
                prnt:byte;  var  out:text);
(*
q: Abstiegsfaktor
*)

label m1;
var
it,i:integer;
no,al,ya,y:real;
lst,t:boolean;
grad:rvdim;
ij:ivab;
begin
ya:=zf(pfz,n,pfc,x,pfe,pfr);   lst:=false;
for  it:=1  to  l  do  begin
  no:=0;
```

```
  for i:=1 to n do begin
    ij[i]:=i;   grad[i]:=ablan(pfz,n,i,ij,pfc,x,pfe,pfabr,pfr);
    no:=no+grad[i]*grad[i];  end;

                (* Schritt 1 *)

  no:=sqrt(no); if no<eps then lst:=true; if lst then goto m1;
  al:=1;   t:=false;

                (* Schritt 2 *)

  repeat
    for i:=1 to n do x[i]:=x[i]-al*grad[i]; { Schritt 3 }
    y:=zf(pfz,n,pfc,x,pfe,pfr);
    if y-ya<=-al*q*no*no then t:=true
    else begin for i:=1 to n do x[i]:=x[i]+al*grad[i]; al:=al/2; end;
  until t;
  ya:=y;
  m1: if (prnt<>0)and((prnt>1)or(it=l)or(lst)) then begin
  writeln(out,it,'. Iteration');
  for i:=1 to n do writeln(out,'x',i,':  ',writ(x[i]));
  writeln(out,'Funktionswert:  ',writ(ya)); end;
  if (it=l)and(prnt<>0) then
    writeln(out,'Maximale Iterationszahl erreicht!');
  if (lst)and(prnt<>0) then writeln(out,'Abbruchtest erfuellt!');
  if lst then exit;
end;
end; {stab}
```

(* Verfahren der konjugierten Gradienten *)

```
overlay
procedure konGra(n,l:integer; var x:rvdim; eps:real; pfz:integer;
                 pfe:imsumdim; pfc:rvsum; pfr:str, pfabr:apstr;
                 prnt:byte; var out:text);
var
it,i,lst:integer;
no,al,al0,al1,ya,y,be,sk:real;
grad,s,g,xa:rvdim;
ij:ivab;
begin
lst:=0; for i:=1 to n do xa[i]:=x[i];
for i:=1 to n do begin
  ij[i]:=i;   grad[i]:=ablan(pfz,n,i,ij,pfc,x,pfe,pfabr,pfr);
  s[i]:=-grad[i];  end;
for it:=1 to l do begin
  if it>1 then begin

                (* Schritt 1 *)

    for i:=1 to n do begin
      g[i]:=grad[i];   ij[i]:=i;
      grad[i]:=ablan(pfz,n,i,ij,pfc,x,pfe,pfabr,pfr);
    end;
    be:=0;
    for i:=1 to n do be:=be+grad[i]*(grad[i]-g[i])/(no*no);
    for i:=1 to n do s[i]:=-grad[i]+be*s[i];
    for i:=1 to n do xa[i]:=x[i]; end;

                (* Schritt 2 *)

  no:=0; for i:=1 to n do no:=no+grad[i]*grad[i];
  no:=sqrt(no); if no<eps then lst:=1;

                (* Schritt 3 *)

  al:=1;
  if lst<>1 then begin repeat
    for i:=1 to n do x[i]:=xa[i]+al*s[i];
    sk:=0; for i:=1 to n do begin
    ij[i]:=i;
    sk:=sk+ablan(pfz,n,i,ij,pfc,x,pfe,pfabr,pfr)*s[i];
    end;
    if sk<0 then al:=2*al; until sk>=0;
  al0:=0;   al1:=1;
  while abs(al1-al0)>=eps do begin
    al:=0.5*(al0+al1); for i:=1 to n do x[i]:=xa[i]+al*s[i];
    sk:=0; for i:=1 to n do begin
```

```
      ij[1]:=i;
      sk:=sk+ablan(pfz,n,1,ij,pfc,x,pfe,pfabr,pfr)*s[i];   end;
    if sk>0 then al1:=al; if sk<0 then al0:=al; end;
  end;
  writeln(out); writeln(out,it,'. Naeherung');
  for i:=1 to n do begin
    x[i]:=xa[i]+al*s[i];   writeln(out,'x':20,i,':   ',x[i]);   end;
  y:=zf(pfz,n,pfc,x,pfe,pfr);   writeln(out);   writeln(out,'f(x):   ':23,y);
  if it=l then writeln(out,'Maximale Iterationszahl erreicht!');
  if lst=1 then writeln(out,'Abbruchtest erfuellt!');
  if lst=1 then exit; end;
end; {kongra}
```

(* Newton-Verfahren *)

```
overlay

procedure Newton(n,l:integer; var x:rvdim; eps,qf:real; pfz:integer;
                 pfe:imsumdim; pfc:rvsum; pfr:str; pfabr:apstr;
                 prnt:byte; var out:text);
(*
qf: Abstiegsfaktor
*)

var
it,i,j,k,lst,c:integer;
no,al,al0,al1,ya,y,be,sk,d,ra:real;
grad,s,g,xa,df:rvdim;
ij:ivab;
a:rmdimdim;
err:boolean;

begin
lst:=0;
for it:=1 to l do begin

                (* Schritt 1 *)

  for i:=1 to n do begin
    ij[1]:=i;   df[i]:=ablan(pfz,n,1,ij,pfc,x,pfe,pfabr,pfr);
    a[i,n+1]:=-df[i];
    for j:= 1 to n do begin
      ij[1]:=i;   ij[2]:=j;
      a[i,j]:=ablan(pfz,n,2,ij,pfc,x,pfe,pfabr,pfr);
    end;
  end;
  for i:=1 to n do for k:=1 to n do a[i,n+1]:=a[i,n+1]+a[i,k]*x[k];
  for i:=1 to n do xa[i]:=x[i];
  y:=zf(pfz,n,pfc,x,pfe,pfr);   ya:=y;
   qr(n,n,x,a,d,err); if err then exit;

                (* Schritt 2 *)

  for i:=1 to n do s[i]:=x[i]-xa[i];
  ra:=0; for i:=1 to n do ra:=ra+s[i]*df[i]; al:=1;
  repeat
    c:=0;
    for i:=1 to n do x[i]:=xa[i]+al*s[i];
    y:=zf(pfz,n,pfc,x,pfe,pfr);
    if y-ya>=al*qf*ra then al:=al/2
    else  c:=1;
  until  (c=1)or(al<1e-20);
  for i:=1 to n do begin
    ij[1]:=i;  df[i]:=ablan(pfz,n,1,ij,pfc,x,pfe,pfabr,pfr);   end;

                 (* Schritt 3 *)

  no:=0; for i:=1 to n do no:=no+sqr(df[i]); no:=sqrt(no);
  if no<eps then lst:=1;
  writeln(out); writeln(out,it,'. Naeherung');
  for i:=1 to n do begin
    x[i]:=a[i,n+1];   writeln(out,'x':20,i,':   ',writ(x[i]));   end;
  writeln(out,'Werte der Ableitungen:');
  for i:=1 to n do begin
    ij[1]:=i;   writeln(out,writ(df[i]));   end;
  y:=zf(pfz,n,pfc,x,pfe,pfr);   writeln(out);   writeln(out,'f(x)=',writ(y));
  if it=l then writeln(out,'Maximale Iterationszahl erreicht!');
  if lst=1 then writeln(out,'Abbruchtest erfuellt!');
```

```
  if lst=1 then exit; end;
end; {newton}
```

(* Newton-Verfahren mit Approximation der Hesse-Matrix *)

```
overlay
procedure NewAppHe(n,l:integer; var xa,x:rvdim; eps,qf:real;
                   pfz:integer; pfe:imsumdim; pfc:rvsum; pfr:str;
                   pfabr:apstr; prnt:byte; var out:text);
(*
xa: fuer das Verfahren noetige 2. Anfangsschaetzung, die verschieden von
        x0 sein muss
qf: Abstiegsfaktor
*)

var
it,i,j,k,lst,c:integer;
no,al,al0,al1,ya,y,be,sk,d,ra,h:real;
grad,s,g,xd,df:rvdim;
ij:ivab;
a:rmdimdim;
err:boolean;

         (*** Bestimmung der Schrittweite ***)

function  steplen(n:integer;  xa,x:rvdim):real;
var  no1,no2:real;
  i:integer;
  d:rvdim;
begin
no1:=0;  no2:=0;
for i:=1 to n do begin
  d[i]:=x[i]-xa[i];  no1:=no1+sqr(d[i]);  no2:=no2+sqr(x[i]);  end;
no1:=sqrt(no1);  no2:=sqrt(no2);  steplen:=no1*(1+no2);
end; {steplen}


begin {newapphe}
lst:=0;
for it:=1 to l do begin

                 (* Schritt 1 *)

  h:=steplen(n,xa,x);
  for i:=1 to n do begin
    ij[i]:=1;   df[i]:=ablan(pfz,n,i,ij,pfc,x,pfe,pfabr,pfr);
    a[i,n+1]:=-df[i];  for j:=1 to n do xd[j]:=x[j];
    for j:=1 to n do begin
      xd[j]:=xd[j]+h;
      a[i,j]:=(ablan(pfz,n,i,ij,pfc,xd,pfe,pfabr,pfr)-df[i])/h;
      xd[j]:=xd[j]-h;  end;
  end;
  for i:=1 to n do for k:=1 to n do a[i,n+1]:=a[i,n+1]+a[i,k]*x[k];
  for i:=1 to n do xa[i]:=x[i];
  y:=zf(pfz,n,pfc,x,pfe,pfr);  ya:=y;
  qr(n,n,x,a,d,err); if err then exit;

                (* Schritt 2 *)

  for i:=1 to n do s[i]:=x[i]-xa[i];
  ra:=0; for i:=1 to n do ra:=ra+s[i]*df[i];  al:=1;
  repeat
    c:=0;  for i:=1 to n do x[i]:=xa[i]+al*s[i];
    y:=zf(pfz,n,pfc,x,pfe,pfr);
    if y-ya>=al*qf*ra then al:=al/2
    else  c:=1;
  until  (c=1)or(al<1e-20);
  for i:=1 to n do begin
    ij[i]:=1;  df[i]:=ablan(pfz,n,i,ij,pfc,x,pfe,pfabr,pfr);  end;

                 (* Schritt 3 *)

  no:=0; for i:=1 to n do no:=no+sqr(df[i]); no:=sqrt(no);
  if no<eps then lst:=1;
  writeln(out); writeln(out,it,'. Naeherung');
  for i:=1 to n do begin
    x[i]:=a[i,n+1];  writeln(out,'x':20,i,':  ',writ(x[i]));  end;
  writeln(out,'Werte der Ableitungen:');
```

```
  for i:=1 to n do begin
    ij[i]:=i;   writeln(out,writ(df[i]));   end;
  y:=zf(pfz,n,pfc,x,pfe,pfr);   writeln(out);   writeln(out,'f(x)=',writ(y));
  if it=1 then writeln(out,'Maximale Iterationszahl erreicht!');
  if lst=1 then writeln(out,'Abbruchtest erfuellt!');
  if lst=1 then exit; end;
end; {newapphe}
```

(* Quasi-Newton-Verfahren *)

```
overlay
procedure qNewt(n,l:integer; var x:rvdim;
                eps,qf:real;  pfz:integer;
                pfe:imsumdim; pfc:rvsum; pfr:str; pfabr:apstr;
                prnt:byte; var out:text);
(*
qf: Abstiegsfaktor
*)

var b,num:rmdimdim;
 xa,q,df,s,yk,h,r:rvdim;
 i,j,it,c:integer;
 ra,ya,al,denom,no,y:real;
 ij:ivab;

begin {qnewt}
for i:=1 to n do for j:=1 to n do
  if i=j then b[i,j]:=1 else b[i,j]:=0;
it:=0;
repeat
  it:=it+1;

                    (* Schritt 1 *)

  for i:=1 to n do begin
    ij[i]:=i;
    q[i]:=ablan(pfz,n,i,ij,pfc,x,pfe,pfabr,pfr);
    df[i]:=q[i];
  end;
  for i:=1 to n do begin
    s[i]:=0;  for j:=1 to n do s[i]:=s[i]-b[i,j]*df[j];  end;
  ra:=0; for i:=1 to n do begin
    ra:=ra+s[i]*df[i];   xa[i]:=x[i];   end;
  y:=zf(pfz,n,pfc,x,pfe,pfr);
  ya:=y;

                    (* Schritt 2 *)

  al:=1;
  repeat
    c:=0;  for i:=1 to n do x[i]:=xa[i]+al*s[i];
    y:=zf(pfz,n,pfc,x,pfe,pfr);
    if y-ya>=al*qf*ra then al:=al/2
    else  c:=1;
  until  (c=1)or(al<1e-20);
  ya:=y;

                    (* Schritt 3 *)

  for i:=1 to n do r[i]:=x[i]-xa[i];
  for i:=1 to n do begin
    ij[i]:=i;
    q[i]:=ablan(pfz,n,i,ij,pfc,x,pfe,pfabr,pfr)-q[i];
  end;
  for i:=1 to n do yk[i]:=q[i]+0.5*df[i];
  for i:=1 to n do begin
    h[i]:=0;  for j:=1 to n do h[i]:=b[i,j]*yk[j];
     end;
  if (it mod 2*n<>0) then begin
    for i:=1 to n do for j:=1 to n do num[i,j]:=h[i]*h[j];
    denom:=0; for i:=1 to n do for j:=1 to n do
    denom:=denom+yk[i]*b[i,j]*yk[j];
    for i:=1 to n do denom:=denom+0.5*yk[i]*s[i];
    if denom<>0 then
      for i:=1 to n do for j:=1 to n do
        b[i,j]:=al/0.5*b[i,j]-num[i,j]/denom;
  end else
```

```
      for i:=1 to n do for j:=1 to n do
        if i=j then b[i,j]:=1 else b[i,j]:=0;

                    (* Schritt 4 *)

      no:=0; for i:=1 to n do no:=no+sqr(r[i]); no:=sqrt(no);
      if (prnt>0)and((it>=l)or(no<=eps)or(prnt>1)) then begin
        writeln(out); writeln(out,it,'. Naeherung');
        for i:=1 to n do write(out,' x',i,'=',x[i]);
        writeln(out); writeln(out,'Funktionswert:',y);
        if it>=l then writeln(out,'Maximale Iterationszahl erreicht!');
        if no<=eps then writeln(out,'Abbruchtest erfuellt!'); end;
    until (it>=l)or(no<=eps);
    end; {qnewt}

            (*** Test der Nebenbedingungen ***)

function nbtrue(n,m:integer; x:rvdim; conz:ivcon; cone:imsvcon;
                conc:rvsvcon; conr:svcon):boolean;
(*
(Test, ob alle Nebenbedingungen erfuellt sind (nbtrue:=true)
 oder nicht (nbtrue:=false) )
*)

var
k:integer; con:real; nb:boolean;
begin
nb:=true;
for k:=1 to m do begin
  con:=zf(conz[k],n,conc[k],x,cone[k],conr[k]);

   (* con>0: Verletzung einer Nebenbedingung *)
  if con>0 then nb:=false;
  if not nb then k:=m; end;
nbtrue:=nb;
end; {nbtrue}
```

(* adaptive Zufallssuche *)

```
overlay

procedure aZs(n,m,l,ll:integer; var x:rvdim; a,b:rvdim; pfz:integer;
              pfe:imsumdim; pfc:rvsum; pfr:str; conz:ivcon;
              cone:imsvcon; conc:rvsvcon; conr:svcon; prnt:byte;
              var out:text);
(*
ll: maximale Zahl von Suchpunkten je Iteration
*)

 var
   r,xm:rvdim;
   g:rvcon;
   f,fm:real;
   i,jj,cc:integer;
   k:integer;
   endit,nb:boolean;
begin
nb:=nbtrue(n,m,x,conz,cone,conc,conr);
if not nb then begin
  writeln(out,'Startwert erfuellt nicht die Nebenbedingungen!');
  exit; end;
randomize; fm:=zf(pfz,n,pfc,x,pfe,pfr);
writeln(out,'Start: Funktionswert = ',fm);
xm:=x; for i:=1 to n do r[i]:=0.5*(b[i]-a[i]); k:=1;
for jj:=1 to l do begin
  for cc:=1 to ll do begin
    endit:=false;

                (* Schritt 2 *)

    for i:=1 to n do x[i]:=xm[i]+r[i]*pow(2*random-1,k);
    f:=zf(pfz,n,pfc,x,pfe,pfr);
    for i:=1 to n do begin
      if (x[i]<a[i])or(x[i]>b[i]) then begin endit:=true; i:=n; end;
  end;
  if not endit then begin
```

```
                (* Schritt 3 *)

    nb:=nbtrue(n,m,x,conz,cone,conc,conr);
    if not nb then endit:=true;
  end;

                (* Schritt 4 *)

  if not endit then begin if f<fm then begin
    fm:=f; for i:=1 to n do xm[i]:=x[i]; end else endit:=true; end;
  end;
  writeln(out); writeln(out,'Iteration ',jj);
  writeln(out,'Funktionswert = ',writ(fm));
  for i:=1 to n do write(out,'x',i,'=',writ(x[i]),' '); writeln(out);

                (* Schritt 5 *)

  k:=k+2;
end;
writeln(out); writeln(out,'Minimumsuche beendet');
writeln(out,'Funktionswert = ',writ(fm));
for i:=1 to n do write(out,'x',i,'=',writ(x[i]),' '); writeln(out);
end; {azs}
```

(* erweitertes Polytopverfahren *)

```
overlay
procedure erPoly(n,m,l:integer; var x:rvdim; a,b:rvdim;
                 al,be,ga,eps:real; pfz:integer; pfe:imsumdim;
                 pfc:rvsum; pfr:str; conz:ivcon; cone:imsvcon;
                 conc:rvsvcon; conr:svcon; prnt:byte; var out:text);
(*
al,be,ga: Koeffizienten fuer Reflexion, Expansion und Kontraktion
*)

label  s4,s5,s6,s8,s9,s10;
const MDMAL2 = 10;
type rv2dim = array[1..MDMAL2] of real;
     rm2dd = array[1..MDMAL2] of rvdim;
var   i,j,j1,h,l1,l2,nfe   :  integer;
      s : rm2dd;
      xe,xh,xl,xl2,x0,xr,xc  :  rvdim;
      z,deltai  :  rv2dim;
      g:rvcon;
      fh,fl,fl2,fg,f,f0,fr,fe,fc,s1,s2,delta:   real;
      nb:  boolean;

begin
nb:=nbtrue(n,m,x,conz,cone,conc,conr);
if not nb then begin
  writeln(out,'Startwert erfuellt nicht die Nebenbedingungen!');
  exit; end;
randomize; for i:=1 to n do s[1,i] := x[i];
h:=0; l1:=0; l2:=0; nfe:=1;
for i := 2 to 2*n do begin
  for j := 1 to n do
    s[i,j]:=a[j]+random*(b[j]-a[j]);
  repeat  nb:=nbtrue(n,m,s[i],conz,cone,conc,conr);
    if not nb then begin

    (* Ermittlung des Schwerpunktes der bisher gewaehlten Eckpunkte *)
      for j:=1 to n do begin
        x0[j]:=0;
        for j1:=1 to i-1 do x0[j]:=x0[j]+s[j1,j]; x0[j]:=x0[j]/(i-1);
      end;
      for j:=1 to n do s[i,j]:=(s[i,j]+x0[j])/2;
    end;
  until nb;
end;
nfe:=0;
repeat
  nfe:=nfe+1;

    (* Ermittlung der Punkte mit dem groessten, kleinsten *)
    (* u. zweitkleinsten Zielfuektionswert (Schritt 1) *)
```

```
fh := -1e+20;fl := 1e+20;
for i := 1 to 2*n do begin
  z[i]:=zf(pfz,n,pfc,s[i],pfe,pfr);
  if z[i]>fh then begin
    fh := z[i];
    h := i
  end;
  if z[i]< fl then begin
    fl := z[i];
    l1 := i
  end;
end;
fl2:=1e+20;
for i := 1 to 2*n do begin
  if (z[i]<fl)and(i<>l1) then begin
    fl2 := z[i];
    l2 := i
  end;
end;

              (* Schritt 2 *)

delta:=0;
if z[h]-z[l1]<=0.05*(abs(z[l1])+1e-4) then
  for i:=1 to 2*n do deltai[i]:=1
else for i:=1 to 2*n do
  deltai[i]:=(z[h]-z[i])/(z[h]-z[l1]);
for i:=1 to 2*n do if i<>h then delta:=delta+deltai[i];
for j := 1 to n do begin
  x0[j] := 0.0;
  for i := 1 to 2*n do if i <> h then
  x0[j] := x0[j]+deltai[i]*s[i,j];
  x0[j] := x0[j]/delta;
  xh[j] := s[h,j];
  xl[j] := s[l1,j];
end;
for j := 1 to n do x[j] := x0[j];
f:=zf(pfz,n,pfc,x,pfe,pfr);
f0 := f;

              (* Reflexion (Schritt 3) *)

for j := 1 to n do xr[j] := x0[j]+al*(x0[j]-xh[j]);
nb:=nbtrue(n,m,xr,conz,cone,conc,conr); if not nb then goto s5;
fr:=zf(pfz,n,pfc,xr,pfe,pfr);
if fr<fl then goto s4;
if fr>=fh then goto s5;
goto s9;

              (* Expansion (Schritt 4) *)

s4:for j := 1 to n do xe[j] := ga*xr[j]+(1-ga)*x0[j];
nb:=nbtrue(n,m,xe,conz,cone,conc,conr); if not nb then goto s9;
fe:=zf(pfz,n,pfc,xe,pfe,pfr);
if fe<fr then begin
  for j := 1 to n do xr[j] := xe[j];
  fr := fe; end;
goto s9;

              (* Kontraktion (Schritt 5) *)

s5:for j := 1 to n do xc[j] := be*xr[j]+(1-be)*x0[j];
nb:=nbtrue(n,m,xc,conz,cone,conc,conr); if not nb then goto s6;
fc:=zf(pfz,n,pfc,xc,pfe,pfr);
if fc<fl2 then begin
  for j := 1 to n do xr[j] := xc[j];
  fr := fc; goto s9; end;

              (* Reflexion von xr (Schritt 6) *)

s6:for j := 1 to n do xc[j] := al*xc[j]+(1-al)*x0[j];
nb:=nbtrue(n,m,xc,conz,cone,conc,conr); if not nb then goto s8;
fc:=zf(pfz,n,pfc,xc,pfe,pfr);
if fc<fh then begin
  for j := 1 to n do xr[j] := xc[j];
  fr := fc; goto s9; end;

                 (* Schritt 7 *)
```

```
  for j := 1 to n do xc[j] := (xc[j]+xl[j])/2;
  nb:=nbtrue(n,m,xc,conz,cone,conc,conr); if not nb then goto s8;
  fc:=zf(pfz,n,pfc,xc,pfe,pfr);
  if fc<fh then begin
    for j := 1 to n do xr[j] := xc[j];
    fr := fc; goto s9; end;

                    (* Schritt 8 *)

  s8: for i := 1 to 2*n do begin
      if i<>li then begin
        repeat
          for j := 1 to n do
                 s[i,j]  :=  (s[i,j]  +xl[j])/2;
                 nb:=nbtrue(n,m,s[i],conz,cone,conc,conr);
        until nb=true;
        z[i]:=zf(pfz,n,pfc,s[i],pfe,pfr);   end;
    end;
    goto s10;

                    (* Schritt 9 *)

   s9:for j:=1 to n do begin
     xh[j]:=xr[j];  s[h,j]:=xr[j];  end;
   fh:=fr;  z[h]:=fr;

              (* Abbruchtest (Schritt 10) *)

  s10:if prnt>1 then begin
    writeln(out); writeln(out,'Iteration  ',nfe,': Funktionswert  =  ',writ(fl));
    for i:=1 to n do write(out,'x',i,'=',writ(xl[i]),'  '); writeln(out);
    if m>0 then begin
      writeln(out);
      writeln(out,'Werte der linken Seiten der Nebenbedingungen: '); end;
    for j:=1 to m do begin
      g[j]:=zf(conz[j],n,conc[j],xl,cone[j],conr[j]);
      writeln(out,'NB  ',j,'  ',writ(g[j]));  end;
  end;
  s1:=0;  s2:=0;
  for j:=1 to 2*n do s1:=s1+z[j]; s1:=s1/(2*n);
  for j:=1 to 2*n do s2:=s2+sqr(z[j]-s1); s2:=s2/(2*n); s2:=sqrt(s2);
until  (s2<=eps)or(nfe>=l);
writeln(out,'********  Minimierung beendet  **********');
if s2<=eps then writeln(out,'Abbruchtest erfuellt!');
if nfe>=l then writeln(out,'Maximale Iterationszahl erreicht!'); writeln(out);
for i:=1 to n do writeln(out,'X',i,'  ',writ(xl[i])); writeln(out);
writeln(out,'Iterationen:  ',nfe);
writeln(out,'Wert der ZF: ',writ(fl));
if m>0 then begin
  writeln(out);
  writeln(out,'Werte der linken Seiten der Nebenbedingungen:'); end;
for j:=1 to m do begin
  g[j]:=zf(conz[j],n,conc[j],xl,cone[j],conr[j]);
  writeln(out,'NB  ',j,'  ',writ(g[j]));  end;
end; {erpoly}
```

(* sequentielle quadratische Approximation *)

```
overlay

procedure sqA(n,m,l:integer; var x:rvdim; var u:rvcon; a,b:rvdim;
              eps:real; pfz:integer; pfe:imsumdim; pfc:rvsum;
              pfr:str; pfabr:apstr; conz:ivcon; cone:imsvcon;
              conc:rvsvcon; conr:svcon; conabr:apvcon; prnt:byte;
              var out:text);
(*
u: Lagrange-Multiplikatoren
*)

var
gradg,mgradg:        rmcondim; {Gradienten der NB}
g,mg:                rvcon; {Werte der NB}
gradf:               rvdim; {Gradient der ZF}
helag:               rmdimdim; {Hesse-Matrix der Lagr.-Funktion}
ai,bi,xn:            rvdim;
un:                  umnn;
no,fm:               real;
i,j,k,it,ifail,mnn:integer;
```

```
war:                lwa;
iwar:               ivcon;
ij:                 ivab;
nb:                 boolean;

begin
ai:=a;  bi:=b;  it:=0;
repeat
fm:=zf(pfz,n,pfc,x,pfe,pfr);
for  i:=1  to  m  do  g[i]:=zf(conz[i],n,conc[i],x,cone[i],conr[i]);
if prnt>1 then begin
 writeln(out);  writeln(out,'Iteration  ',it,':  Funktionswert  =  ',fm);
 for  i:=1  to  n  do  write(out,'x',i,'=',x[i],'  ');  writeln(out);
 for  i:=1  to  m  do  writeln(out,'linke  Seite  der  NB  ',i,'  =  ',g[i]);  end;
 it:=it+1;
 for  i:=1  to  n  do  begin
   ij[1]:=i;   gradf[i]:=ablan(pfz,n,1,ij,pfc,x,pfe,pfabr,pfr);   end;
 for  i:=1  to  m  do  for  j:=1  to  n  do  begin
   ij[1]:=j;
   gradg[i,j]:=ablan(conz[i],n,1,ij,conc[i],x,
   cone[i],conabr[i],conr[i]);   end;
 for  i:=1  to  n  do  for  j:=1  to  n  do  begin
   ij[1]:=i;    ij[2]:=j;
   helag[i,j]:=ablan(pfz,n,2,ij,pfc,x,pfe,pfabr,pfr);
   for  k:=1  to  m  do
     helag[i,j]:=helag[i,j]+u[k]*ablan(conz[k],n,2,ij,conc[k],x,
     cone[k],conabr[k],conr[k]);
  end;
 for  i:=1  to  m  do  begin  mg[i]:=-g[i];
   for  j:=1  to  n  do  begin  mgradg[i,j]:=-gradg[i,j];  end;
   end;
 mnn:=m+n+2;  iwar[1]:=1;
 for  i:=1  to  LW  do  war[i]:=0;

                     (* Schritt 1 *)

 ql1(m,0,MAXCON,n,MAXDIM,mnn,helag,gradf,mgradg,mg,ai,bi,xn,un,
   ifail,1,war,LW,iwar,MAXCON,out);
 if  ifail=0  then  begin
   for  i:=1  to  n  do  xn[i]:=x[i]+xn[i];

                     (* Schritt 2 *)

   no:=0;  for  i:=1  to  n  do  no:=no+sqr(xn[i]-x[i]);
   for  i:=1  to  m  do  no:=no+sqr(un[i]-u[i]);  no:=sqrt(no);

                     (* Schritt 3 *)

   for  i:=1  to  n  do  x[i]:=xn[i];  for  i:=1  to  m  do  u[i]:=un[i];  end;
 until   (ifail<>0)or(no<=eps)or(it>=l);
if  ifail<>0  then  begin
  writeln('ifail=',ifail);
  writeln(out,'Fehler  bei  der  Loesung  eines  quadratischen  Teilproblems!');
  exit;  end;
if  prnt>0  then  begin  writeln(out);  writeln(out);
  if  no<=eps  then  writeln(out,'Abbruchtest  erfuellt!');
  if  it>=l  then  writeln(out,'Maximale  Iterationszahl  erreicht!');
 writeln(out);  writeln(out,'Funktionswert  =  ',fm);
 for  i:=1  to  n  do  write(out,'x',i,'=',x[i],'  ');  writeln(out);
 for  i:=1  to  m  do  write(out,'u',i,'=',u[i],'  ');  writeln(out);
 for  i:=1  to  m  do  writeln(out,'linke  Seite  der  NB  ',i,'  =  ',g[i]);  end;
end;  {sqa}
```

(* erweitertes Newton-Verfahren *)

```
overlay

procedure erNewt(n,m,l:integer;  var  x:rvdim;  var  u,t:rvcon;  epsi:real;
                 pfz:integer;  pfe:imsumdim;  pfc:rvsum;  pfr:str;
                 pfabr:apstr;  conz:ivcon;  cone:imsvcon;  conc:rvsvcon;
                 conr:svcon;  conabr:apvcon;  prnt:byte;  var  out:text);
(*
u: Lagrange-Multiplikatoren
t: Schlupfvariablen
*)

var  z:rvdpc;
  a:rmdpcdpc;
```

```
  g:rvcon;
  y,yy,eps2,no,w,v,h,ts,s,lr:real;
  it,i,j,k:integer;
  ij:ivab;

 (*** Berechnung der 1. partiellen Ableitung der Lagrange-Funktion ***)
 (***                        nach x[j]                             ***)

function  ablag(n,m,j:integer;  x:rvdim;  u:rvcon;  pfz:integer;
                pfe:imsumdim;  pfc:rvsum;  pfr:str;  pfabr:apstr;
                conz:ivcon;  cone:imsvcon;  conc:rvsvcon;  conr:svcon;
                conabr:apvcon):real;
var  a:real;  i:integer;

begin
eps2:=epsi*0.01;   ij[1]:=j;   a:=ablan(pfz,n,1,ij,pfc,x,pfe,pfabr,pfr);
for i:=1 to m do
  a:=a+u[i]*ablan(conz[i],n,1,ij,conc[i],x,cone[i],conabr[i],conr[i]);
ablag:=a;
end;  {ablag}

begin  {ernewt}
it:=0;
repeat
  it:=it+1;   no:=0;

                   (* Schritt 1 *)

  for j:=1 to n do begin
    a[j,n+m+1]:=-ablag(n,m,j,x,u,pfz,pfe,pfc,pfr,pfabr,
    conz,cone,conc,conr,conabr);
    no:=no+sqr(a[j,n+m+1]);  end;
  for i:=1 to m do
    a[n+i,n+m+1]:=-zf(conz[i],n,conc[i],x,cone[i],conr[i])+t[i];
  for k:=1 to n do begin
    w:=x[k];  v:=abs(w);  if  v<0.01  then  v:=0.01;  h:=epsi*v;
    for j:=1 to k do begin
      x[k]:=w-h/2;
      v:=ablag(n,m,j,x,u,pfz,pfe,pfc,pfr,pfabr,
      conz,cone,conc,conr,conabr);
      x[k]:=w+h/2;
      yy:=ablag(n,m,j,x,u,pfz,pfe,pfc,pfr,pfabr,
      conz,cone,conc,conr,conabr);
      a[j,k]:=(yy-v)/h;   a[k,j]:=a[j,k];   end;
    x[k]:=w;  end;
  for k:=n+1 to n+m do begin
    w:=u[k-n];
    for j:=1 to n do begin
      u[k-n]:=0;
      v:=ablag(n,m,j,x,u,pfz,pfe,pfc,pfr,pfabr,
      conz,cone,conc,conr,conabr);
      u[k-n]:=1;
      yy:=ablag(n,m,j,x,u,pfz,pfe,pfc,pfr,pfabr,
      conz,cone,conc,conr,conabr);
      a[j,k]:=yy-v;   a[k,j]:=a[j,k];   end;
    for  i:=n+1  to  k  do  begin  a[i,k]:=0;  a[k,i]:=0;  end,
    if  w>eps2  then  begin  a[k,k]:=-t[k-n]/w;  z[k]:=1;  end;
    if  w<=eps2  then  begin  a[k,k]:=0;  z[k]:=0;  end;
    u[k-n]:=w;   end;
  for j:=1 to n+m do begin
    if  z[j]<>0  then  begin
      ts:=0;  for  i:=j  to  m+n  do  if  z[i]<>0  then  ts:=ts+sqr(a[i,j]);
      if  a[j,j]>=0  then  s:=sqrt(ts)  else  s:=-sqrt(ts);
      a[j,j]:=a[j,j]+s;    lr:=s*a[j,j];
      for  k:=j+1  to  n+m+1  do  begin
        if  z[k]<>0  then  begin
          ts:=0;
          for  i:=j  to  n+m  do  if  z[i]<>0  then  ts:=ts+a[i,j]*a[i,k];
          for  i:=j  to  n+m  do  if  z[i]<>0  then
            a[i,k]:=a[i,k]-ts*a[i,j]/lr;
        end;
      end;
      a[j,j]:=-s;
    end;
  end;
  for  i:=n+m  downto  1  do  begin
    if  z[i]<>0  then  begin
      s:=a[i,n+m+1];
      for  j:=i+1  to  n+m  do  if  z[j]<>0  then  s:=s-a[i,j]*a[j,n+m+1];
```

```
      a[i,n+m+i]:=s/a[i,i];
    end;
  end;

                    (* Schritt 2 *)

  no:=0; for i:=1 to n do no:=no+sqr(a[i,n+m+i]); no:=sqrt(no);
  if no>epsi then begin
    for i:=1 to n do x[i]:=x[i]+a[i,n+m+i];
    for i:=n+1 to n+m do begin
      if z[i]<>0 then begin
        v:=a[i,n+m+i]/(2*u[i-n]);   u[i-n]:=u[i-n]*(1+v)*(1+v);
        t[i-n]:=t[i-n]*v*v; end
      else begin
        s:=2*t[i-n]-a[i,n+m+i];
        for k:=1 to n do s:=s+a[i,k]*a[k,n+m+i]; v:=s/(2*t[i-n]);
        u[i-n]:=u[i-n]*v*v;  t[i-n]:=t[i-n]*(1-v)*(1-v); end;
    end;
  end;
  if (prnt>0)or(no<=epsi)or(it>=l) then begin
    writeln(out); writeln(out,it,'-te Iteration');
    for i:=1 to n do begin
      write(out,'x',i,'=',x[i],'  '); end; writeln(out);
    y:=zf(pfz,n,pfc,x,pfe,pfr);
    writeln(out,'Funktionswert:  ',y);
    for i:=1 to m do begin
      g[i]:=zf(conz[i],n,conc[i],x,cone[i],conr[i]);
      writeln(out,'linke Seite der NB ',i,' = ',g[i]); end;
    writeln(out); if no<=epsi then writeln(out,'Abbruchtest erfuellt!');
    if it>=l then writeln(out,'Maximale Iterationszahl erreicht!');
  end;
until (no<=epsi)or(it>=l);
end; {ernewt}
```

(* Straf-Barriere-Verfahren *)

```
overlay
procedure  SB(n,m,l:integer; var x:rvdim; nbs:cvcon; h:real; eps:real;
              var rs,rb:real; p,pfz:integer; pfe:imsumdim; pfc:rvsum;
              pfr:str; conz:ivcon; cone:imsvcon; conc:rvsvcon;
              conr:svcon; prnt:byte; var out:text);
(*
h: Schrittweite fuer das Polytopverfahren zur Loesung der Teilprobleme
rs: Startwert fuer Strafparameter
rb: Startwert fuer Barriereparameter
nbs: Falls nbs[j]='j', geht NB j im Strafterm ein, sonst im
     Barriereterm
p: Zahl der Teilprobleme zu festen Straf- und Barriereparametern
*)

var
  i,j,tp:integer;
  stb,y,c,ya,epsi:real;
  g,v:rvcon;

begin
epsi:=eps*1e-5;

      (* Anfangswerte der Stoerungen werden auf 0 gesetzt *)

for j:=1 to m do v[j]:=0;
for j:=1 to m do
  if nbs[j]='n' then begin
    g[j]:=zf(conz[j],n,conc[j],x,cone[j],conr[j]);
    if g[j]>=0 then begin
      writeln(out,'Startwert unzulaessig(NB ',j,' >=0)!');
      exit;
    end;
  end;
c:=10;  tp:=0;  ya:=zf(pfz,n,pfc,x,pfe,pfr);
repeat

                   (* Schritt 1 *)

  tp:=tp+1;

                   (* Schritt 2 *)
```

```
  ePoly(n,m,x,stb,v,nbs,rs,rb,1,0.5,2,h,eps1,pfz,pfe,pfc,pfr,2,conz,
        cone,conc,conr,0,out);
  y:=zf(pfz,n,pfc,x,pfe,pfr);
  for  j:=1  to  m  do  g[j]:=zf(conz[j],n,conc[j],x,cone[j],conr[j]);
  if  (prnt>1)or(abs(stb-ya)<=eps)  then  begin
    writeln(out,tp,'.  Teilproblem:');
    writeln(out,'Strafparameter=',rs,'  Barriereparameter=',rb);
    for  i:=1  to  n  do  write(out,'x',i,'=',x[i],'  ');  writeln(out);
    writeln(out,'Zielfunktion=',y);
    for  i:=1  to  m  do  writeln(out,'NB  ',i,':  ',g[i]);
    writeln(out,'Straf-Barriere-Funktion=',stb);

                    (* Schritt 3 *)

    if  abs(stb-ya)<=eps  then  begin
      writeln(out,'Abbruchbedingung  erfuellt!');  exit;  end;
    end;

                    (* Schritt 4 *)

    if tp mod p<>0 then
      for  i:=1  to m  do begin
      if  nbs[i]='j'  then  v[i]:=max(0,v[i]+g[i])
      else  v[i]:=v[i]+g[i];  end

                    (* Schritt 5 *)

    else  begin
      for  i:=1  to  m  do  v[i]:=v[i]/c;
      rb:=rb/c;  rs:=c*rs;  end;  ya:=y;
  until  false;
end; {sb}
```

SACHWORTVERZEICHNIS

HINWEIS DER AUTOREN

Die Autoren dieses Buches sind bereit, interessierten Lesern eine Diskette mit den in diesem Buch abgedruckten Programmen zu schicken. Die Diskette enthält dann die Quelltexte zu den Programmen. Sie ist lauffähig auf IBM-kompatiblen Computern unter MS-DOS bzw. im Standardformat CP/M.

Wer an diesem Angebot interessiert ist, wird gebeten, den nachfolgenden Bestellschein auszufüllen und an folgende Adresse zu senden:

Sektion M/N/I der
Technischen Hochschule Köthen
Bernburger Straße 52-57
Köthen
4 3 7 0

Dabei ist das gewünschte Format anzugeben. Dem Leser wird dann per Nachnahme und Einschreiben gegen einen Betrag von 25,- DM die entsprechende Diskette geschickt.
Für eventuelle Schäden beim Transport wird keine Haftung übernommen.

BESTELLSCHEIN

Hiermit bestelle ich bei der Technischen Hochschule Köthen die Begleitdiskette zu dem Titel

Richter, Optimierungsverfahren und
Pascal-Programme

Das gewünschte Format ist

....

Ich bitte um Zusendung per Nachnahme an:

Datum: ....
Unterschrift

Kolibri 360 GmbH
Ferdinand-Jühlke-Straße 7
99095 Erfurt, Deutschland
produktsicherheit@kolibri360.de